改革・改善のための戦略デ

建設業 DX

業界標準の指南書

阿部 守 著

はじめに

　社会全体にデジタル化の波が押し寄せ、建設業界が大きな変革期を迎えています。建設業では、設計、施工、検査などのプロセスにおいて、作業者の経験、ノウハウに頼る場面が多くあります。それが、建設会社の強みであると同時に人手の作業プロセスから離れられないという弱みでもありました。

　そこに BIM/CIM、ドローン、レーザー、360°カメラ、VR/AR/MR、5G、AI、ロボット、遠隔操作や自働化などの技術が登場し、建設業の業務と現場を大きく変えつつあります。新たなツールやシステムによって、これまで技術的な限界でやりたくてもできなかったことが実現できる時代になってきました。

　いま建設業界には、人手不足、少子高齢化による後継者不足、厳しい就労環境、他業種との生産性格差などの課題があり、建設 DX による課題解決と生産性向上が期待されています。このようなことからも、建設業を変革させる建設ＤＸに大きな関心が寄せられています。

　本書では、いま建設業界でどのような DX が行われ、それがどのような効果をもたらしているのか、そして建設業界の DX がどこに向かうのかを解説しました。そして、これから始めるには、どこから着手すればよいか、どのように計画を立てればよいかについても触れています。

　会社の規模や分野、現場の規模や工種によって建設現場の業務は大きく異なりますが、DX を "デジタル技術によって業務プロセスを変革すること" ととらえれば、それぞれの立場で、建設 DX が身近にあり、手軽に使える環境になっていることがわかります。

　本書の執筆にあたりましては、株式会社大塚商会の PLM ソリューション営業部山田琢司部長、マーケティング本部横山慎哉部長ほかの皆様から DX 導入現場の貴重なお話を伺うことができました。改めてお礼を申し上げます。

　建設 DX はこれからも技術の進展と共に続いていきます。本書が建設 DX に取り組もうとする方や関心のある方にとって少しでもお役に立てば、これに勝る喜びはありません。

2021 年 11 月　　　　　　　MAB コンサルティング　代表　　阿部　守

改革・改善のための戦略デザイン

建設業DX

5 章　成功する建設業 DX プロジェクトの進め方

6章　成長のための戦略デザイン

建設業DXの技術

BIM/CIM やドローン、VR・AR・MR などの DX が建設業の業務を大きく変えています。それぞれの技術の向上や新たな技術の登場でさらに建設業の業務が変わっていくことでしょう。

建設業の業務で使われるDXの技術

技術・ツール	営業	企画・調査	測量	設計	施工	検査	点検	育成
タブレット	●	●	●	●	●	●	●	●
クラウド	●	●	●	●	●	●	●	●
VR・AR・MR	●		●		●	●	●	●
遠隔技術	●			●	●	●		●
動画	●							●
BIM/CIM	●	●	●	●	●	●	●	
360°カメラ		●	●		●	●	●	
レーザー			●		●	●	●	
5G		●	●		●	●	●	
LiDAR			●		●		●	
ドローン		●	●			●	●	
AI		●		●		●	●	
施工管理ツール			●	●	●	●	●	
自動運転			●		●			
ロボット					●	●	●	
3D プリンタ					●			
アシストスーツ					●			

1 なぜいまDXなのか

社会全体にデジタル化の波が押し寄せ、ビジネス環境が大きく変化しています。デジタル技術の進展により建設業界が大きな変革期を迎えています。

DXとは

DXとは、ITの活用によりビジネスモデルを変革して業績を改善させることです。

◇ ITの進展によるDX

　IoT技術の進化により各種の機器がインターネットに接続し、多様な情報をデジタルデータとして活用できるようになりました。**DX(デジタルトランスフォーメーション)** とはITを活用してビジネスモデルを変革させることです。トランスフォーメーションとは決定的な変化を起こすということを意味します。

　経済産業省が2018(平成30)年12月に公表した「DX推進ガイドライン」では、DXとは「企業がビジネス環境の激しい変化に対応し、データとデジタル技術を活用して、顧客や社会のニーズをもとに、製品やサービス、ビジネスモデルを変革すると共に、業務そのものや、組織、プロセス、企業文化・風土を改革し、競争上の優位性を確立すること」と定義されています。

◇ なぜいまDXが求められるのか

　いま、ビジネス環境が大きく変化しています。労働力の不足、国内市場の縮小、経済のグローバル化、デジタル化の進展、既存産業への他産業からの参入などです。そして、このような環境下で新しいビジネスが多く誕生しています。例えば、デジタルを活用するAmazonやUber、Airbnbの登場により既存の業種が脅かされました。

　ビジネスモデルの変革を主導する**ディスラプター**の登場によって、既存の業界においても仕事の進め方が変わります。これまでの事業を支えてきた既存の経営資源が足かせになることもあります。

メモ　ディスラプター

　クラウドやビッグデータ、IoT、AIなどのデジタルテクノロジーを活用することで、既存の業界の秩序やビジネスモデルを破壊するプレイヤーである。タクシー利用を変革したUber、民泊の概念を作ったAirbnbなどが挙げられる。

　店舗で見た商品をネット検索して一番安いサイトから購入する、という例では、店舗はショールームとして利用されるだけで売上につながりません。

　顧客の行動が変わると過去の経験は優位性を失います。従来の業種という枠組みに関係なく、顧客に価値を提供するビジネスが評価されるのです。多くの企業がDXに新たな可能性を感じつつ、逆に脅威も感じています。

◆ DXの基本的な考え方：デジタル・ボルテックス

　デジタル・ボルテックスとは、ボルテックスすなわち渦巻きとして、いろいろなものをデジタルの世界に巻き込んでいくということです。デジタル化できるものはすべてデジタル化されるということであり、デジタル化はあらゆる業種や業務に及びます。

　コロナ禍によってオンライン化が広範な業務や日常生活に一気に広がりました。デジタル化によって物理的・距離的な制約が取り除かれ、新たな仕事のやり方が普及して便利になったことを、多くの人が感じています。

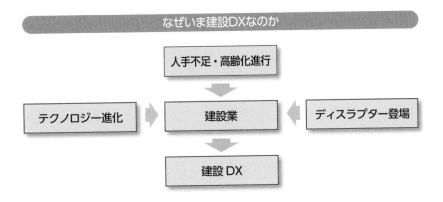

なぜいま建設DXなのか

人手不足・高齢化進行

テクノロジー進化　→　建設業　←　ディスラプター登場

建設DX

メモ　第4次産業革命

　クラウドコンピューティングとビッグデータ、IoTとAIが混ざり合って生み出されるネットワーク効果により、指数関数的な変化が起こっている。いままで人間が行ってきたことや判断、考え方までも機械が行っていく時代になってきた。

テクノロジーの進化

データ量の増加
世界のデータ量は
2年ごとに倍増。

処理性能の向上
ハードウェアの性能は、
指数関数的に進化。

AIの非連続的進化
ディープラーニングなど
によりAI技術が
非連続的に発展。

- 実社会のあらゆる事業・情報が、データ化・ネットワークを通じて自由にやり取り可能に（IoT）
- 集まった大量のデータを分析し、新たな価値を生むかたちで利用可能に（ビッグデータ）
- 機械が自ら学習し、人間を超える高度な判断が可能に（人工知能〈AI〉）
- 多様かつ複雑な作業についても自動化が可能に（ロボット）

➡これまで実現不可能と思われていた社会の実現が可能に。
　これに伴い、産業構造や就業構造が劇的に変わる可能性。

原出所：経済産業省「新産業構造ビジョン」（一人ひとりの、世界の課題を解決する日本の未来）より加工引用
国土交通省におけるDX（デジタルトランスフォーメーション）の推進について（国土交通省）

建設業の仕事とDX

企画	基本構想	
調査・計画	基本計画	
	用地取得	
	測量	・測量や設計、工事・工事管理などの業務だけでなく、営業活動や事務処理まで含めて建設業に関わるすべての仕事がデジタル化の影響を受けている
設計	基本設計	
	実施設計	
	積算	・建設DXによって建設業が大きく変わる可能性がある
施工	工事費積算	
	工事	
	施工管理	
維持管理	点検	
	補修	

02 DXへのステップ

企業の成長、競争力強化のため、DX をスピーディーに進めていくことが重要になります。

◆ 変革をもたらすDX

　毎日のように DX という言葉を耳にするようになりました。建設会社や設計事務所、建設コンサルタントだけでなく、発注者や建材・設備メーカー、建設機材メーカー、そしてこれらに関わる商社・販売店までもが DX の影響を受けています。

　しかし、DX の価値に気付いて現実に取り組み始めた企業はまだ多くはありません。取り組み始めた企業でも、うまくいっていないところが多くあるといわれています。それは、「DX とは何か」を本当にわかっている経営者が少ないためです。DX は目的ではなく、変革を進めるための手段だということを理解していないのが一因です。

　経済産業省の DX レポートによると、2025 年には 21 年以上稼働している基幹システムが 6 割以上になり、IT 関連の人材不足は 43 万人に達するとのことです。

　老朽化・複雑化・ブラックボックス化した既存システムが DX 推進の障壁となり、2025 年以降に最大 12 兆円 / 年の経済損失が生じる可能性があると警鐘を鳴らしています。

DXの課題

既存の IT システムが老朽化・複雑化・ブラックボックス化していると、データを十分に活用できません。新しい技術を導入したとしても、データの利活用・連携が限定的であるため、その効果が限定的になります。

既存システムのブラックボックス状態を解消できない場合
①データを活用しきれず、DX を実現できない
②今後、維持管理費が高騰し、技術的負債が増大
③保守運用者の不足などで、セキュリティリスクが高まる

▼

DX を本格的に展開するため、DX の基盤となる、変化に追従できる IT システムとすべく、既存システムの刷新が必要

DX レポート〜 IT システム「2025 年の崖」の克服と DX の本格的な展開〜（経済産業省）より加工

◇ デジタイゼーションから始めるDX

DX においてはまず、推進のステップを明確にすることが大切です。

アナログデータを多く使っている場合は、まず**デジタイゼーション**を行います。ペーパーレス化によって省力化しコストダウンを実現させます。

次に**デジタライゼーション**を行います。デジタルデータを利用して手作業を自動化したり、クラウドを活用して業務を効率化させます。

その次が DX です。デジタイゼーションとデジタライゼーションは技術の活用による効率化であるのに対して、DX は新しい価値を生み出すことでビジネスモデルを変革します。大きな変化であり、社員、顧客、消費者、協力会社など、取り巻く人に影響を及ぼします。

クラウドを活用して業務を効率化するのは DX の途中のステップです。最終的に目指す DX は、単純な IT 化や、デジタル技術によって従来のサービスや製品を効率化し、付加価値を向上させることとは違う概念です。

DXのステップ

デジタイゼーション

・手作業のデジタル化やペーパーレス化
・省人化、最適化、コストダウン

デジタライゼーション

・デジタルデータの利用により作業の進め方を変革
・クラウドを活用した業務の効率化

デジタルトランスフォーメーション

・デジタルデータを用いてビジネスモデルを変革
・人や組織、顧客や企業の関与方法も変革

◇ DXがもたらす事業の変革

　これまでのIT化は業務の効率化を目指してきました。DXでは、業務の変革として、業務そのものの自動化・不要化、意思決定方法の変革、組織の変革を行います。

　したがって、これまでの常識を打破するような斬新な発想が求められると共に、ゼロベースでの発想が重要となります。DXで何ができるかわからなくても問題はありません。いまはできなくても、いずれできるようになる可能性があるからです。何をやりたいか、どうやりたいかが重要です。

　DXの時代にはまったく新しい競合が出現する可能性があります。現在のやり方に安住し、自分たちで変革を起こさなければ、新しい企業によって新しいやり方が提案され、取って代わられる可能性があります。

企業変革とDX

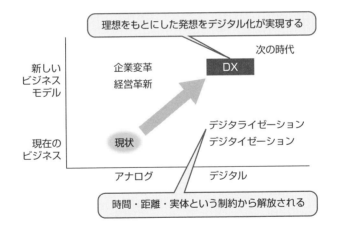

理想をもとにした発想をデジタル化が実現する	

次の時代
DX
新しいビジネスモデル　企業変革　経営革新
現状　デジタライゼーション　デジタイゼーション
現在のビジネス
アナログ　デジタル
時間・距離・実体という制約から解放される

メモ　これからの会社はどうなるか

　AI、自動化、ロボット化が進むと、作業をするだけの人は不要になる。課題を見つけ、将来像を描き、解決策を考えて実行できる人だけが求められる時代になるといわれている。

DXを支える基盤技術

通信や計測、そして可視化などの技術の飛躍的な向上が DX の進展を支えています。

◇ DXの環境整備

　DX を行うためには、**現実空間*** の情報をデジタル化し、そのデータを収集・分析して最適化し、その結果をわかりやすく示すことが必要です。

　建設業で行う測量、施工、検査などのプロセスに新技術を活用することで、生産性を向上させます。経験の浅い技術者でも実務をこなせるようになり、作業時間の大幅な削減や品質の向上が期待できます。

　DX を推進するための環境整備には、意識・制度・権限・プロセス・組織・人材などの企業内変革と並行して IT 環境の整備を行うことが必要です。

建設業の業務プロセスと建設DX

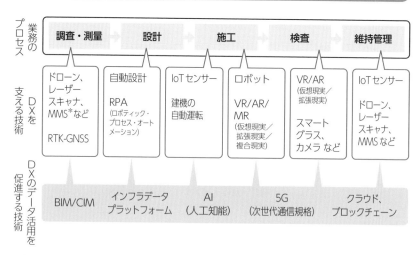

原出所：日経コンストラクション　2020.6.22　P32
　　　　国土交通省における DX（デジタルトランスフォーメーション）の推進について（国土交通省）をもとに作成

***現実空間**　実際に生活している空間のことでフィジカル空間ともいう。
* **MMS**　　マルチメディアメッセージングサービス。各携帯キャリアのメールサービス。

◇ 現実空間の情報をデジタル化するIoT

電化製品をはじめ、あらゆるモノがインターネットと接続して通信を行う技術が **IoT** ＊です。現実空間の情報をデジタルデータとして取り込みます。センサーやカメラ、レーザーなど計測器の進化が DX を支えています。

◇ 通信能力の拡大：5G

IoT で集める情報が増えれば増えるほど、またデータが詳細になり取得頻度が上がるほど、データの総量は大きくなります。**5G** の主な特徴は、高速・大容量、低遅延、同時多数接続の 3 つです。従来の 4G と比べると、通信速度が最大で 20 倍になります。2 時間の映画のダウンロード時間が数分から約 3 秒に短縮、というレベルの高速化です。

5G では高画質の映像データもリアルタイムで送信することができるため、建機の遠隔操作や無人化などがよりスムーズになります。現場と事務所とのデータのやり取りが円滑化され、リモートワークも拡大します。5G は日本では 2020 年春に商用化がスタートしました。

◇ データを分析する人工知能（AI）

AI は、クラウド上の大量のデータをもとに判断をしたり将来を予測します。AI は、データの種類や量が多ければ多いほど精度を高めることができるため、IoT や 5G の技術が大切です。**仮想空間** ＊で何とおりもの分析やシミュレーションを行って最適化を図ります。

画像検知 AI や言語解析 AI は、これまで人が行っていた確認作業などを代行することができます。検査業務や資料整理などでは、AI がサポートすることで省力化を実現します。人の目では見落としがちなミスも安定して発見することで、業務の品質が向上します。

＊**IoT**　Internet of Things の略。
＊**仮想空間**　コンピュータで人工的に作り出した空間のことで、バーチャル空間ともいう。仮想空間には PC やスマートフォン、VR ゴーグルなどを用いて参加することができる。現実空間とそっくりな世界を作ったり、現実空間では再現が難しい状況も作ることができる。

◇ 仮想空間を可視化するAR・VR・MR

デジタル情報を仮想空間に可視化させるのが **AR（拡張現実）** や **VR（仮想現実）**、**MR（複合現実）** です。仮想空間の状況を可視化することで、分析結果を現実空間のように感じることができます。

AR・VR・MR

VR
Virual Reality
仮想現実
仮想空間の中に入って
現実とは別の空間を体験

AR
Augmented Reality
拡張現実
現実空間に仮想空間を
重ね合わせて
"拡張"させる

MR
Mixed Reality
複合現実
仮想空間と現実空間を
融合して"複合"させる。
仮想物体に触れたり操作
することができる

5G時代本格到来！いま知っておくべき「VR」を徹底解説～ 2020年、エンターテインメントの鍵は「没入感」
～ SuperMagazine（supership.jp）を参考に作成

◇ クラウドとAPI

クラウドサービスや **API** *を使うことで、業務プロセスごとに異なるアプリケーションや異なる機器を共通データとして使用することが可能になります。APIとは、コンピュータ上で作動するアプリケーション同士の接点の意味です。APIを利用することで、起動しているアプリケーション同士をつないで互いに相手の機能を使うことができます。ホームページ上にSNSの口コミをリンク付きで引用したり、Google Mapの地図を組み入れたりできるのもAPIの機能です。

---

*API Application Programming Interfaceの略。

◇ロボット

ロボットや自動運転の活用により、施工の無人化や作業員の負担軽減、熟練技術の移転を実現します。人間が危険な作業をすることも少なくなります。

作業を補助する**パワーアシストスーツ**も、長く働ける職場環境の整備に貢献します。年齢・性別を問わず働けるようになることで、業界全体のイメージアップにもつながります。

メモ コンウェイの法則

システムを設計すると、そのシステムの構造は組織のコミュニケーション構造とそっくりになるので、組織間に溝があるとスムーズなシステムにならない。コミュニケーションを改善しようとしても、そのシステムを使い続ける限り組織のコミュニケーションは改善しない。

メモ 5Gの普及

2025年時点では、携帯電話総販売台数の56%が5G対応機種となり、契約回線ベースでは46%が5G契約になるものと予測されている。(令和2年版 情報通信白書)

メモ 建設業界の安全性

2019年のデータを見ると、全産業における死傷者数が12万5,611人、そのうち建設業は1万5,183人。死亡者数では全産業が845人で、そのうち建設業は269人となっている。死傷者数は全産業の12%程度だが、死亡者数では31%となり、他の業界よりも死亡事故に遭う危険性が高いことを示している。

◇ BIM/CIM

測量データや設計図面などから3次元モデルを作成し、プロジェクトで発生するあらゆる情報を紐付けることで、モデル上で情報を一元管理します。工程スケジュールや干渉チェックも可能で、業務効率化につながります。

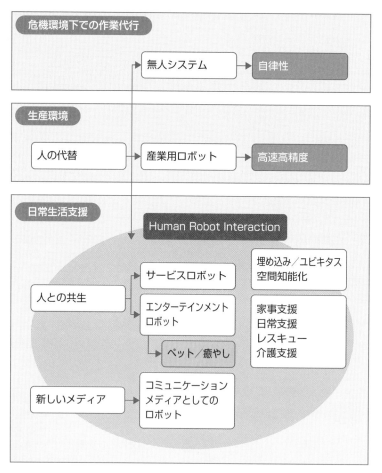

ロボットの役割

危機環境下での作業代行

無人システム → 自律性

生産環境

人の代替 → 産業用ロボット → 高速高精度

日常生活支援

Human Robot Interaction

人との共生 → サービスロボット
エンターテインメントロボット → ペット／癒やし

埋め込み／ユビキタス空間知能化

家事支援
日常支援
レスキュー
介護支援

新しいメディア → コミュニケーションメディアとしてのロボット

平成27年版 情報通信白書（総務省）の「ロボットの定義とパートナーロボット」(soumu.go.jp) より

建設業DXとは

建設 DX とは、建設プロセスをデジタルで再構築すること、または建設業のビジネスモデルを変革することです。

◇ i-Constructionから建設DX*へ

　建設業界には、人手不足、少子高齢化による後継者不足、厳しい就労環境、他業種との生産性格差などの課題があります。そういった課題の解決と生産性向上を目的に土木分野で始まったのが **i-Construction** です。国土交通省がリードし、2025 年までに建設現場の生産性を 2 割向上させることを目指して、官民が一体となって取り組んできました。

　i-Construction は 2016 年に国土交通省の主導により始まりました。その柱は、ICT 土工、コンクリート工の標準化、施工時期の平準化です。ICT 土工とはドローンを活用した 3 次元測量や ICT 建機による施工などであり、コンクリート工の標準化とは工場で生産したプレキャスト製品の活用です。施工時期の平準化は年度末に工事が集中することの解消です。i-Construction で取り組んできた技術開発が建設 DX につながっていますが、その大半は建設プロセスごとの効率化にとどまっています。

　いま、建設 DX で業務プロセス全体を変革し、建設生産プロセス全体を最適化する段階が訪れています。

◇ 建設DXの取り組み

　建設業界は人手に頼る仕事が多く、個人の技術や経験に大きな価値があります。さらに、建設現場は製造業の現場と違って毎回の現場条件が異なる、現場と事務所が離れている、といったことからデジタル化しにくいという特徴があります。そのことが、建設業で生産性を上げにくい要因でもあります。

　建設 DX の入り口は、新しい技術を使ってこれまでの建設業の仕事のやり方を見直すことです。i-Construction の段階にとどまらず、建設業界が抱える課題を解決し、さらに新たな強みを創出するのが建設 DX です。

＊**建設 DX**　以降、本文中では建設業界の DX 化を「建設 DX」と呼びならわすが、「建設業界 DX」と同じ意味。

建設業界では大手ゼネコンが中心となり、建設DXの取り組みが進んでいます。この流れが中小建設業にも波及し、DXを進めて成果を出している企業もあります。いま、建設業界がDXで大きく変わろうとしています。

本来のDXとは業務の変革を目指すものではありますが、現在の建設業界を見ると、少しでも業務の効率化や課題解決につながればよいと考えて取り組むことが大切です。これはDXではないといって否定するのではなく、少しの進展でも評価する――変革のスタートではこのような考え方が大切です。

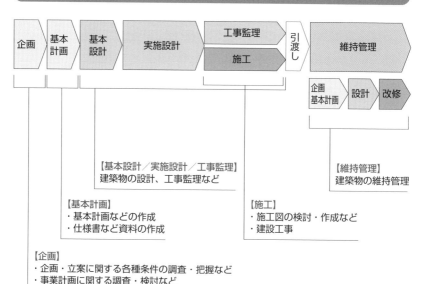

建設業の標準的な業務フロー

【基本設計／実施設計／工事監理】
建築物の設計、工事監理など

【維持管理】
建築物の維持管理

【基本計画】
・基本計画などの作成
・仕様書など資料の作成

【施工】
・施工図の検討・作成など
・建設工事

【企画】
・企画・立案に関する各種条件の調査・把握など
・事業計画に関する調査・検討など

メモ　現場の革新

国土交通省でも2020年に「建設現場の生産性を飛躍的に向上するための革新的技術の導入・活用に関するプロジェクト」の公募を開始するなど、最新技術を使った現場の革新に期待が高まっている。

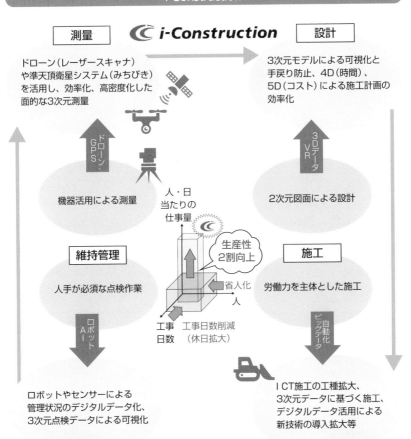

i-Construction

測量 **ⓒ i-Construction** **設計**

ドローン（レーザースキャナ）や準天頂衛星システム（みちびき）を活用し、効率化、高密度化した面的な3次元測量

3次元モデルによる可視化と手戻り防止、4D（時間）、5D（コスト）による施工計画の効率化

GPS・ドローン

3Dデータ・VR

機器活用による測量

2次元図面による設計

人・日当たりの仕事量

生産性2割向上

維持管理

人手が必須な点検作業

省人化

人

施工

労働力を主体とした施工

ロボット・AI

工事日数　工事日数削減（休日拡大）

自動化・ビッグデータ

ロボットやセンサーによる管理状況のデジタルデータ化、3次元点検データによる可視化

ICT施工の工種拡大、3次元データに基づく施工、デジタルデータ活用による新技術の導入拡大等

建設プロセス全体を3次元データでつなぐ

国際標準化の動きと連携

ロボット、AI 技術の開発

自動運転に活用できるデジタル基盤地図の作成

バーチャルシティによる空間利活用

社会への実装

国土交通省におけるDX（デジタルトランスフォーメーション）の推進について（国土交通省）をもとに作成

05 建設業DXの特徴

建設業の生産性が低いのは人手に頼る作業が多いからです。建設 DX によって人手に頼る作業を減らします。

◇ 建設業界の特徴

　建設業は屋外での作業が基本で、発注者の要望に応じて毎回異なるデザインや機能の構造物を建設する受注産業です。現場と事務所が離れているため、工場内で作業する製造業と比べて、機械化・IT 化による生産性向上を追求しにくいという特徴があります。また、建設業界は中小企業が多く、プロジェクトごとに多くの関係者が関わります。そのため、自社の努力だけでは生産性を上げにくいという特徴もあります。

　建設会社が担当する施工業務は、設計図面を読み解き、必要部材を組み上げ、部材の加工をその場で実施するなど、多岐にわたる技能が必要です。そして、そのノウハウは作業者各人の頭の中にあります。木造建築には木造建築の、鉄筋工事には鉄筋工事のノウハウがあり、しかも企業の数だけ違いがあります。

◇ 生産性を高める建設DX

　コロナ禍をきっかけに建設業界でも業務のテレワーク化が進みました。事務的な業務をオンライン化することで、自宅➡会社➡現場➡役所➡会社➡自宅であった移動を、自宅➡現場➡役所➡自宅というように削減することができました。作業のやり方が変わらなくても、作業場所を変えるだけ、移動を減らすだけでも生産性を向上させることができました。このように考えると、建設業の生産性改善の余地は非常に大きいといえます。

　現場管理においては、施工状況や検査内容などを写真や書類で残す必要があります。これは、非常に重要な業務ですが、この整理には多くの時間がかかっていました。しかも、その業務は工事の全体を把握しているベテランが行っていました。しかし、建設業の付加価値は施工そのものであり、書類作成それ自体は価値を生みません。

　そこで、そのような業務には施工管理や写真整理のアプリを使ったり、ベテランによる遠隔での現場作業支援を行ったりするようになってきまし

た。こうすることで、付加価値の高い業務に人や時間を配分することができ、技術者が本来の役割を果たせるようになります。

　労働力不足で生産性が低い建設業界にこそDXが必要です。移動が多く、デジタル化が遅れ、人に頼る作業が多い建設業は、大きく変化する可能性があります。

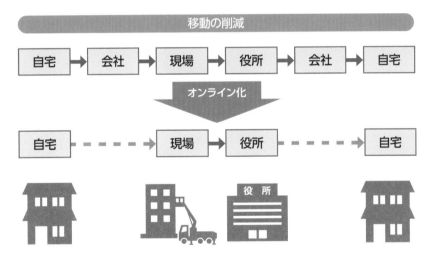

$$生産性 = \frac{出来高}{人工数}$$

メモ DX 投資促進税制

　デジタル環境の構築（クラウド化など）による企業変革に向けた投資について、税額控除（5％・3％）または特別償却（30％）ができる措置が創設された。2022（令和4）年度末まで（2年間）の時限措置。デジタル要件（D要件）、企業変革要件（X要件）を満たした事業適応計画を提出して認定を受ける必要がある。

memo

2 建設業界の現状と課題

建設業界には、人手不足、少子高齢化による後継者不足、厳しい就労環境、他業種との生産性格差などの課題があります。デジタル技術を使った建設DXによる課題解決と生産性向上が期待されています。

建設業界の現状

建設業界による社会資本整備が日本の成長を支えてきました。

◇ 建設業界の役割

　建設業は、国民生活を支える社会資本の整備が使命です。戦後から高度成長期、バブル期と多少の波はありながらも、一貫して暮らしの質を高めるための構造物を建設し、その規模を拡大してきました。その過程で、全国にわたる高速道路網や本州四国連絡橋、東京湾横断道路などの世界に誇る巨大構造物も建設されてきました。

　例えば、道路が整備されると、移動時間短縮、移動費用削減、騒音・震動防止、物価低減や交流圏拡大、交通安全などの効果により、経済活動が活発化します。交通ネットワークのみならず公共施設、上下水道、都市開発、ダム、港湾など多くの社会資本整備にも同様の効果があります。社会資本整備のために原材料や労働力の需要も高まり、経済活動がいっそう活発化します。建設技術によって実現したこれらの社会資本がなければ、現在のような日本の経済発展は考えられません。建設業界が日本の成長を支えてきたといえます。

◇ 建設投資の動向

　建設投資には大きく分けて、政府投資と民間投資の2つがあります。**政府投資**は公共事業の土木工事が中心で、**民間投資**は住宅やビルの建築工事が中心です。

　この建設投資額の推移を見ると、バブル期に民間建設投資が急増し、建設投資額が大きく伸びました。その後のバブル崩壊後に民間建設投資の落ち込みをカバーしたのが政府投資です。政府が建設業に雇用の受け皿としての機能も期待したため、積極的な政府投資が行われ、建設投資を下支えしました。しかし、それも長くは続けられず、建設投資額は急減しました。バブル崩壊後、建設業を取り巻く環境は大きく変化しました。景気の悪化に伴い、不要不急の建設工事は計画されなくなり、公共事業も削減されました。

　日本の社会はインフラの整備が進み、不足の状態が解消されたため、それまでの「とにかく建設する」から「ニーズに応じて必要なものを建設する」社会に変わりました。そして、ピーク時の 1992 年度に 84 兆円に達した建設投資額は 2010 年度まで減少傾向が続き、2010 年度には 42 兆円と 30 年以上前の水準にまで落ち込みました。

◇ 未来をつくる建設業界

　2011 年からは東日本大震災の復興、台風・土砂災害などの復旧や災害対応により政府投資が増加しました。さらに、民間投資においても企業収益の回復による設備更新需要の増大や、オリンピックに向けたプロジェクトによって、建設投資額は増加が続きました。2020 年度の建設投資額は 63.2 兆円と、1992 年度の 84 兆円の約 75% となっています。

　東日本大震災の復興需要やオリンピックに向けたプロジェクトの終了、そしてコロナ禍により、建設投資は再び減少傾向となっていますが、未来をつくる建設業界としての役割は変わりません。

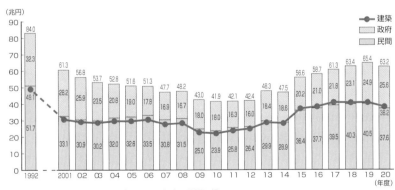

建設投資額の推移

注）1. 2018、2019 年度は見込み額、2020 年度は見通し額
　　2. 政府建設投資のうち、東日本大震災の復旧・復興等に係る額は、2011 年度 1.5 兆円、2012 年度 4.2 兆円と見込まれている。これらを除いた建設投資総額は、2011 年度 40.4 兆円（前年度比 3.6% 減）、2012 年度 40.7 兆円（同 0.6% 増）
　　3. 2015 年度から建設投資額に建築補修（改装・改修）投資額を計上している
原出所：国土交通省「建設投資見通し」
建設業ハンドブック 2020（一般社団法人日本建設業連合会）2020_03.pdf (nikkenren.com)

建設業DXが解決する建設業界の課題

建設業界では、生産性向上を目指して測量、施工、検査などの各プロセスにおいて ICT*化を進めてきました。しかし、その大半は建設プロセスごとの効率化にとどまっています。

◇ 建設業界の課題

建設業は、製造業など他の産業と比較すると労働生産性が上がらない状態が続いています。手作業が多く存在するため生産性が低く、現場ごとに環境が異なるため業務や作業の標準化が難しいといわれています。さらに、建設生産プロセスは非常に細分化されていて多くの関係者が関わっているため、データ連携や情報交換などの課題もあります。

最近は、時間外労働の上限規制への対応についても解決が求められています。

建設業界は人手不足と高齢化という問題にも直面しています。そのことが、技能承継が進まない要因にもなっています。

危険と隣り合わせという状況もある建設現場では、当然ながら安全が最優先されます。作業の効率化と安全の両立に苦労するという特徴もあります。

◇ 建設DXの可能性

こうした建設業界の課題を解決する方法として期待されているのが、建設DXです。現場でのIT機器の活用、ドローンでの測量や点検、ICT建機の活用や自動運転、ロボットの活用、遠隔での打ち合わせなど、いずれも生産性向上に大きく貢献できます。AIによりベテランと新人の差を埋めるといった効果も期待されています。

---

*ICT　Information and Communication Technology の略で、情報通信技術のことである。ICT 施工では、建設工事の調査、設計、施工、監督、検査、維持管理などの工程において、ICT を使って各工程から得られる電子情報を活用して効率的に精度の高い施工を行う。そして、生産工程全体の生産性の向上や品質の確保などを図る。

　さらに期待されているのは、画像技術や映像技術の導入です。建設分野では、多くの画像データが記録用や確認用として利用されています。これらの画像や映像のデータを判別や診断などに活用していく技術も、活用が始まっています。

建設現場におけるICT活用事例

3次元測量
ドローンなどを活用し、調査日数を削減

3次元データ設計図
3次元測量点群データと設計図面との差分から、施工量を自動算出

ICT建機による施工
3次元設計データなどにより、ICT建設機械を自動制御し、建設現場のICT化を実現

国土交通省におけるDX（デジタルトランスフォーメーション）の推進について（国土交通省）

建設業の生産性

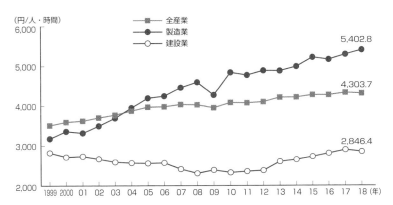

（注）労働生産性＝実質粗付加価値額（2011年価格）／（就業者数×年間総労働時間数）
原出所：内閣府「国民経済計算」、総務省「労働力調査」、厚生労働省「毎月勤労統計調査」
建設業ハンドブック2020（一般社団法人日本建設業連合会）：2020_04.pdf (nikkenren.com)

03 高齢化と労働力不足

2021 年 3 月末の建設業許可建設業者数はピーク時の 78％に当たる 47 万業者、建設業就業者数は 499 万人でピーク時の 73％となっています。

◇ 人手不足

少子高齢化が進む中、あらゆる業種で人手不足が叫ばれていますが、建設業界も例外ではありません。建設業界における就業者の数は減少傾向にあります。建設業就業者数は 1997 年の 685 万人から、2020 年には 499 万人に減少しました。

建設業許可業者は、資本金 1,000 万円以下の企業と個人が 61.5％を占めています（2019 年時点）。小規模な企業が多いことも課題です。

◇ 高齢化

さらに、従事者の高齢化も問題になっています。2018 年の労働力調査では、20 代の従事者が約 33.9 万人である一方、65 歳以上の従事者は 50 万人を上回っており、若者の入職と定着に課題があることも建設業界の特徴だといえます。

建設不況時に多くの技能者が建設業界を離れ、現在の技能者も高齢化が進んでいます。工事の現場では、建設技能者の不足が問題になっています。

人手不足の原因は、バブル崩壊後の建設投資額減少時期に、建設会社の倒産が相次いだことや競争激化により労働条件が悪化したことなどです。談合問題などによる社会的信用の低下により若者の建設業離れが進む、という問題もありました。

2019 年には、建設業就業者のうち 55 歳以上が 35％を占める一方で 29 歳以下の若年者は 11％となっています。10 年後には技能者の 3 分の 1 が引退すると見込まれ、技術の承継も大きな課題です。厚生労働省の調査では建設業者の約 4 割が作業員不足を訴えています。自治体の土木・建築系の職員も高齢化と人員減が進み、同様の問題を抱えています。

建設業就業者数の推移

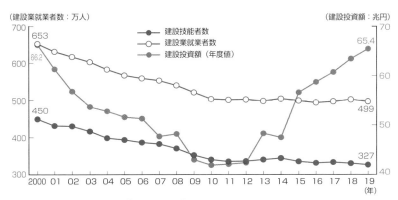

（注）1. 2013 年以降は、いわゆる「派遣社員」を含む
　　　2. 2015 年度から建設投資額に建築補修（改装・改修）投資額を計上している
原出所：総務省「労働力調査」、国土交通省「建設投資見通し」
建設業ハンドブック 2020（一般社団法人日本建設業連合会）：2020_04.pdf (nikkenren.com)

規模別許可業者数の推移

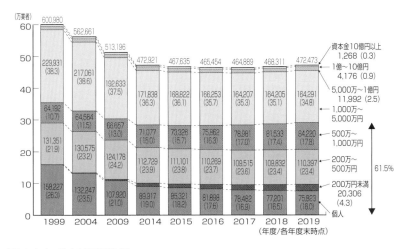

（注）（　）内の数字は規模別構成比
原出所：国土交通省「建設業許可業者数調査」
建設業ハンドブック 2020（一般社団法人日本建設業連合会）：2020_04.pdf (nikkenren.com)

建設業就業者の高齢化

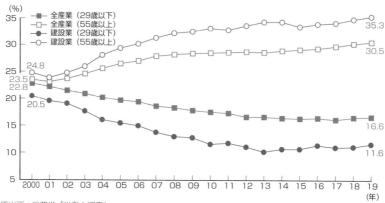

原出所：総務省「労働力調査」
建設業ハンドブック 2020（一般社団法人日本建設業連合会）：2020_04.pdf (nikkenren.com)

建設業就業者の大量離職の見通し

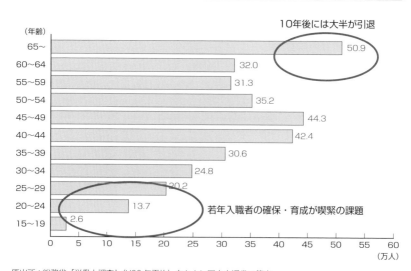

原出所：総務省「労働力調査」（H30 年平均）をもとに国土交通省で算出
最近の建設産業政策について（国土交通省）

DX人材の不足

　建設業界の人材不足と同様に、DXの推進においても人材不足が顕著になっています。「情報通信白書（2021年版）」によれば、DXを進める上で、米国やドイツでも人材不足が主要な課題の1つとなっていますが、日本では人材不足を課題として挙げる人が特に多く、ダントツの1位となっています。DXを進める上でのその他の課題としては、費用対効果が不明、資金不足、ICTなど技術的な知識不足、既存システムとの関係性などが上位となっています。

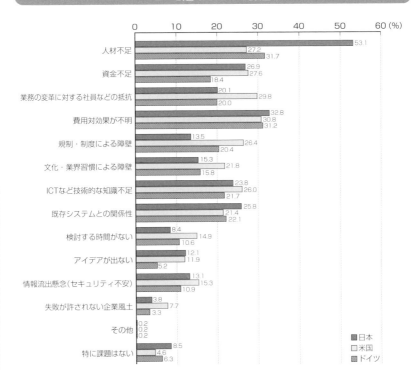

DXを進めるための課題

出典：デジタル・トランスフォーメーションによる経済へのインパクトに関する調査研究（総務省、2021年）

04 進まない技能承継

建設業界では、高齢化や若者の減少により技能承継が進まないという問題が生じています。

◇ 技能承継の危機

　若者の人材確保が難しいため、現場経験が必要となる技能の承継が課題となっています。そして、これが将来的な建設工事の品質低下につながることが懸念されています。

　建設業界の人材不足は、3K（キツイ、キタナイ、危険）といわれるように肉体労働のイメージが定着しているため、若者の入職が少ないことが背景にあります。

　将来にわたって建設工事の品質を確保するためには、労働環境を改善して担い手を確保・育成することが必要です。そのためには、建設会社が生産性を上げ、労働環境をよくすることが大切です。

　若年者が建設業の仕事を辞めた理由としては、遠方の作業場が多い、休みがとりにくい、労働に対して賃金が低い、作業に危険が伴う、労働時間が長い、などが挙げられています。

◇ 働き方改革から

　「働き方改革関連法」が 2019 年 4 月 1 日（中小企業は 2020 年 4 月 1 日）から施行となりました。これにより、時間外労働の罰則付き規制が導入され、時間外労働の上限が月 45 時間、年 360 時間と設定されました。繁忙期は月 100 時間未満（休日労働含む）、複数月平均 80 時間（同）、年 720 時間までの時間外労働が認められます。

　ただし、東京オリンピック・パラリンピック関連施設工事などで需要が増えていた建設業については、人手不足の懸念もあり、適用が 5 年間猶予されました。時間外労働の罰則付き上限規制は 2024 年 4 月 1 日からの適用となります。

◇ 週休2日の拡大に向けて

　建設業における時間外労働規制は5年間の適用猶予となりましたが、長時間労働の是正は必要です。建設業界では、週休2日制の実施を目標としていますが、工期の遵守や建設会社のコスト増、日給労働者の収入減などが課題となっています。

　長時間労働や休日出勤の原因の1つに工期の設定があります。建設工事の進捗は、天候などにより左右されることもあります。進捗が遅れると、遅れを取り戻すために、長時間労働や休日出勤をさせることになります。

　建設業の2018年の年間労働時間は2,076時間で、製造業より約100時間長くなっています。2018年の調査では、建設技術者の4割が4週4休以下となっており、週休2日の確保が課題となっています。

年間出勤日数の推移

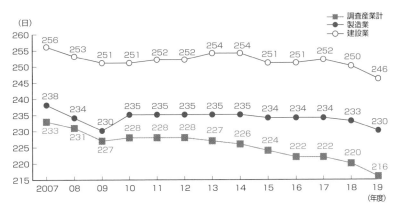

(注) 1. 年間出勤日数＝年度平均月間値×12
　　　2. 調査対象は、5人以上の常用労働者を雇用する事業所
原出所：厚生労働省「毎月勤労統計調査」
建設業ハンドブック2020 (一般社団法人日本建設業連合会)：2020_04.pdf (nikkenren.com)

05 多くの図面情報を扱う煩雑さ

建設業界は 43 万社のうち 95％が従業員 20 人以下の小規模事業者です。紙や電話が中心のアナログ的な業務プロセスを抱えたままの企業が多くあります。

◇ 紙の図面や手動によるアナログな業務

建設現場ではアナログな業務が多く行われています。図面を CAD で作成し、工程管理は Excel で行っていても、作業者や下請け会社に対して印刷して紙で渡しているのは当たり前の光景です。測量や点検作業でも、作業員が**野帳**に手書きで入力しています。

大きな建設現場では何百枚もの図面を使いますし、図面や書類は長期間保管する必要があります。アナログでの管理が大きな負担になっています。

◇ 元請けと下請けのデジタル格差

元請け会社の現場監督がタブレットを使ってデジタルで施工管理をしていても、下請け会社がデジタルに対応していなければ、結局は紙での管理が残ります。工事代金の請求が下請けから紙で送られてくると、手作業でパソコンに入力して精算します。新型コロナウイルスの感染拡大の影響で、建設業界もテレワークの導入を求められましたが、書類や図面が紙だということが大きな問題となりました。多くの社員が押印や文書の印刷、郵送といった業務のために出社せざるを得ませんでした。

◇ コロナ禍で明らかになった課題

コロナ禍で建設会社もテレワークを進めようとしましたが、①現場で撮った写真を事務所に帰って整理する、②図面や書類を紙で出力する（大きな図面や大量の図面は自宅で印刷できない）、③対面で打ち合わせをする習慣がある、④報告書や日報を書くために事務所に戻る、などが課題となりました。書類では、印刷や製本、押印が必要ですし、図面では関係者への回覧や社内外との共有も必要です。

デジタルデータについても、下請けとのファイル形式の違いなどの問題がありました。デジタル化してクラウドを活用するだけでもテレワークが便利になり、生産性が向上します。

アナログ業務の問題点

- 図面を探すのが大変
- 紙では検索できない
- データとして活用できない
- 回覧に時間がかかる
- 最新の図面がどれかわからない
- 最新の図面をすぐに共有できない
- 修正の経緯がわからない
- 紙の記録情報を入力し直す
- 図面と書類の持ち運びが大変
- 保管スペースも必要
- 写真の管理も必要

下請けとのデジタル格差をなくして、デジタル化を進めることで解決

メモ　野帳

野外での記入を想定した、縦長で硬い表紙の付いた手帳のこと。雨天に備えて防水加工が施された表紙、ビニールカバーの付いたものもある。表紙は立ったままでも記入できる硬さであり、机がない場所でメモをとる際にも便利。

▼野帳

人力作業に頼る建設現場

建設業では、設計、施工、検査などのすべてのプロセスにおいて、作業者の経験やノウハウに頼る場面が多くあります。

◆ 現場ノウハウのブラックボックス化

　日本の建設現場は技術力がありますが、その背景には、作業者のスキルが高く、そのために人手の作業プロセスから離れられないという特徴があります。

　建設業では毎回の現場が異なるため、初めてのことが発生します。設計内容や監督の指示に曖昧なところがあっても、現場作業者の経験とノウハウで問題が出ないように納めることが求められてきました。これは作業者のたんなる技術力というよりも、「現場対応力」という外からはわかりにくい能力です。業務のノウハウがブラックボックス化しているということでもあります。これが、多くの現場を経験しないと現場を任せられる人材に成長できない原因でもありました。

◆ DXが明らかにする現場対応力

　DXが進むと、このような現場での臨機応変な対応は減っていきます。このような場合はこうする、ということをあらかじめ決めておかないと、自動制御やロボットの活用ができないからです。つまり、建設のDX導入を進めていくためには、いままで曖昧に済ませていたことを明らかにしてルールを決めなければならない、ということになります。DXの導入により、現場へのしわ寄せがなくなっていきます。

◆ AIの活用による熟練技術の承継

　熟練作業者の技術は、「匠の技」とも表現されるように経験を積むことで修得される部分が多くあります。しかし、この方法では若年層が熟練技術を習得するまでにかなりの時間が必要です。このような熟練技術の承継にはAI技術の活用が有効です。

人力作業に頼る建設現場

毎回建物が異なり、作業者が現場で判断することが多くあります。

足元の悪い場所での作業も多く、雨天時は作業ができません。

07 元請け下請け関係

建設工事の専門化・分業化、そして業務量の増減に対応するために、建設業界は重層
下請け構造となっています。工事の内容や量の変動に合わせて外注を利用するという
考え方です。

◇ 建設業の下請け構造

建設工事の需要変動に対応するための労働力供給形態として下請け構造がスタートしました。その後、下請け会社は、技術力を向上させ施工機械を所有して専門工事会社へと変化し、たんなる労務供給は、さらにその下請けの役割となっています。

多くの元請けゼネコンは、信用できる下請け業者を安定的に確保するために、下請け協力会を組織してきました。そして、元請け会社の現場所長は下請け会社との人間関係を築き、優先的に仕事を発注してきました。下請け会社側も、現場ごとの収益で受注する・しないを判断するのではなく、ときには元請けの意向をくんで、厳しい予算でも元請け会社に協力してきました。このように、従来の専属的な元請け・下請けの関係は、双方にとってメリットのある仕組みだったのです。

現在では、現場所長ではなく本社の購買部門が、工事ごとに価格や技術力、品質、経営状況を評価して下請けを選定する方式に変わっています。

◇ 多くの関係者が関わることの課題

元請けが仕事を受け、その下請けとして複数の業者が現場に入ります。そして、現場では多くの職人が働いています。例えば元請けが建設DXを進めたとしても、下請け会社のデジタル化が進んでいなければ、元請けだけの効果にとどまり、下請けの仕事は何も変わりません。連絡も個別にとることになります。このような構造のため、元請けだけが生産性を上げても現場全体の生産性は上がらないのです。

建設DXでは、建設現場に関わるすべての関係者が共通に使えるプラットフォームを構築し、それを活用していくことが大切です。施工者だけでなく、設計者、発注者も含めた全員がDXを進めていかなければなりません。

建設産業の施工業態

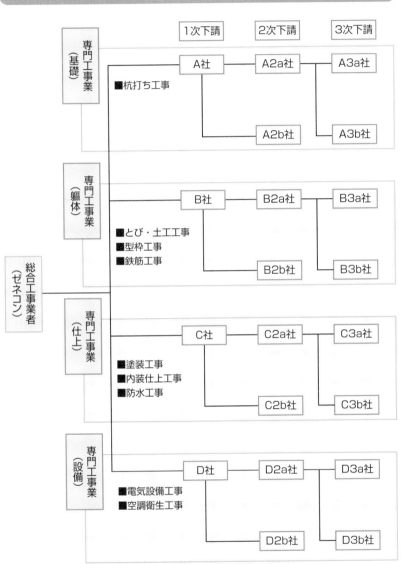

建設産業の再生と発展のための方策 2011（国土交通省）

08 老朽化が進むインフラとの闘い

国土交通省や地方自治体が 2014 〜 2018 年に行ったインフラ老朽化点検において、全国の 6 万 4,000 の橋、4,400 のトンネル、6,000 の歩道橋などが「5 年以内に修繕が必要」と判定されました。

◇ インフラの老朽化

　2012 年に中央自動車道笹子トンネルで天井板の崩落事故が発生し、道路管理者に対して 5 年に一度の点検が義務付けられました。2014 〜 2018 年度に一巡目の点検として全国の 71 万 6,000 の橋、1 万のトンネル、4 万の歩道橋など道路付属物の点検が行われました。その結果として、橋の 1 割、トンネルの 4 割、道路付属物の 1.5 割に 5 年以内の修繕が必要となっています。人口減少が続く地域では、費用と便益を検討して道路橋の改修を断念するケースもあります。2019 年 5 月時点で全国の 137 橋が撤去・廃止と決まっています。

　その他のインフラでも老朽化が進んでいます。2019 年の台風 15 号では 1972 年に建てられた送電線の鉄塔が倒壊して 10 万戸の大規模停電が発生しました。当時の鉄塔は全国に多く残っています。水道の整備も待ったなしの状況であり、民営化も検討されています。

◇ 不足する点検・メンテナンス人材

　インフラ老朽化に伴い点検の重要性が高まっていますが、橋梁保全業務に携わる土木技術者の人数も経験も不足しています。

　従来の点検では、約 8 割の自治体で、双眼鏡を使った遠望目視が主に行われていました。しかし、ある自治体が遠望目視で点検した約 50 橋を対象に、第三者機関が近接目視で再点検したところ、約 3 割で点検結果が異なるという結果が得られました。

　そこで、すべての橋やトンネルで「打音検査が可能な距離まで近付く近接目視」が義務化されました。必要に応じて、触診や打音検査を含む非破壊検査を実施します。いずれも、正しく点検するためには知識と経験が必要な業務です。

◇ 点検技術者の不足

　道路橋の点検では、「道路橋に関する相応の資格または相当の実務経験」、「道路橋の設計、施工、管理に関する相当の専門知識」などを持つ者が定期点検を実施すると定められています。しかし、市区の7％、町の24％、村の59％は、橋梁保全業務に携わる土木技術者が存在しません。地方自治体の橋梁点検では、直営点検の54％、委託点検の42％が研修未受講かつ資格未保有者によって行われています。

建設後50年以上経過するインフラの割合

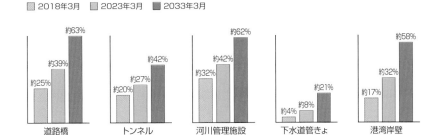

国土交通白書 2020（国土交通省）

橋梁保全業務に携わる市区町村の土木技術者数（2019年6月時点）

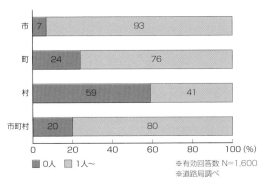

老朽化の現状・老朽化対策の課題（国土交通省）
https://www.mlit.go.jp/road/sisaku/yobohozen/torikumi.pdf

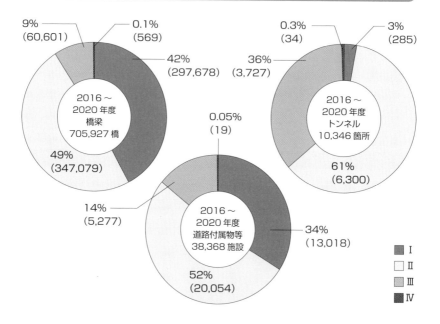

老朽化の状況

9%
(60,601)

0.1%
(569)

42%
(297,678)

0.3%
(34)

3%
(285)

36%
(3,727)

2016～
2020 年度
橋梁
705,927 橋

0.05%
(19)

2016～
2020 年度
トンネル
10,346 箇所

49%
(347,079)

61%
(6,300)

14%
(5,277)

2016～
2020 年度
道路付属物等
38,368 施設

34%
(13,018)

52%
(20,054)

I
II
III
IV

	区分	状態
I	健全	構造物の機能に支障が生じていない状態。
II	予防保全段階	構造物の機能に支障が生じていないが、予防保全の観点から措置を講ずることが望ましい状態。
III	早期措置段階	構造物の機能に支障が生じる可能性があり、早急に措置を講ずべき状態。
IV	緊急措置段階	構造物の機能に支障が生じている、または生じる可能性が著しく高く、緊急に措置を講ずべき状態。

道路メンテナンス年報　2021 年 8 月（国土交通省道路局）

メモ　水道の漏水と破損

　水道設備も老朽化が進んでいます。水道の漏水と破損は全国で年間 2 万件発生しています。2018 年の大阪北部地震でも水道管の破裂で広範囲の断水が発生しました。水道事業は市町村が料金収入で行う独立採算が原則です。しかし、人口減少によって料金収入が減り、全国の 1 割が赤字です。特に規模の小さな自治体ほど経営状態が悪く、十分な設備更新ができません。

09 建設業DXの課題

DX の導入では、何から取り組んでいいかわからない、DX よりもまずは売上、という会社が多くあります。

◇ DX導入の課題

　建設業界でもデジタル化によって情報を共有することが増えてきました。しかし、デジタル化にコストを割く余裕がない企業や、効果を理解できずに躊躇している企業があります。IT スキルの訓練が必要なため導入のハードルが高く、DX 導入を後回しにしている企業も多くあります。

　新型コロナウイルスの感染拡大による働き方の変化を見ても、建築・土木関係のテレワーク実施率は低い状況です。

　しかし、DX を後回しにした影響は、近い将来に必ずやってきます。DX を活用する企業との差が生じるためです。新たなデジタル技術の利用で、これまでの建設業のビジネスプロセスが変わる可能性もあります。スピード感を持って DX に取り組まないと、競争の敗者になる可能性が高くなります。

◇ 建設DXの課題

　建設 DX とはいうものの、何を導入すればよいか、どうやって導入すればよいか、使いこなせるか、教育をどうするか、と悩む企業が多くあります。これまでの建設業では、業務を行う人がその技術やスキルを高め、磨き込むことによって品質や効率を高めてきました。それがいま、多くの新しいツールの登場により変わろうとしています。まずツールを選び、それを使うことによって合理化を進めるという方向です。使いこなしている企業は大きな効果を実感しています。

　建設業界は、他社の動向を気にしますし、プロジェクトでは他の企業と業務のつながりがあるため互換性も重要です。そのため多くの会社が、他社が使っていて実績のあるツールを導入しています。

◇ 将来の建設業界からの発想

　　今後、データ処理の能力はもっと上がり自動化のレベルも AI の能力も向上していきます。人が行っていた業務はどんどんシステム化されます。将来は、DX によって標準化された仕組みを使うことを前提に、独自の部分だけを自社で準備するということになっていきます。これから建設業界はどうなるのか、自社はいまのままで生き残っていけるのか、ということが問いかけられています。技術の進化はますます加速します。建設業界の将来と DX の進化・普及を見ながら考えていかなければなりません。

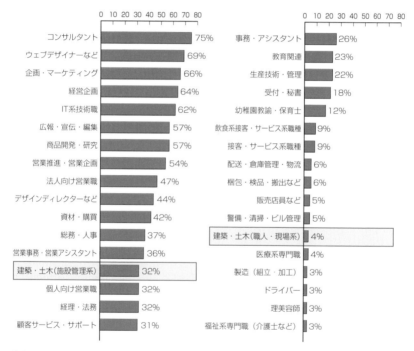

建設業のテレワーク実施率

職種	実施率	職種	実施率
コンサルタント	75%	事務・アシスタント	26%
ウェブデザイナーなど	69%	教育関連	23%
企画・マーケティング	66%	生産技術・管理	22%
経営企画	64%	受付・秘書	18%
IT系技術職	62%	幼稚園教諭・保育士	12%
広報・宣伝・編集	57%	飲食系接客・サービス系職種	9%
商品開発・研究	57%	接客・サービス系職種	9%
営業推進・営業企画	54%	配送・倉庫管理・物流	6%
法人向け営業職	47%	梱包・検品・搬出など	6%
デザインディレクターなど	44%	販売店員など	5%
資材・購買	42%	警備・清掃・ビル管理	5%
総務・人事	37%	建築・土木（職人・現場系）	4%
営業事務・営業アシスタント	36%	医療系専門職	4%
建築・土木（施設管理系）	32%	製造（組立・加工）	3%
個人向け営業職	32%	ドライバー	3%
経理・法務	32%	理美容師	3%
顧客サービス・サポート	31%	福祉系専門職（介護士など）	3%

（注）全国の 20-59 歳の就業者 2 万人を対象に実施したアンケート調査。
原出所：パーソル総合研究所「第三回・新型コロナウイルス対策によるテレワークへの影響に関する緊急調査」
　　（2020 年 6 月 11 日公表）をもとに作成
未来投資会議（第 42 回）配布資料、資料 2 基礎資料に加筆
国土交通省における DX（デジタルトランスフォーメーション）の推進について（国土交通省）

⑩ DXが変える建設業界

建設 DX は、個々の作業者だけが持っていた経験やノウハウを業界の共通資産に変える可能性があります。

◇ 建設DXで変わる建設業界

i-Construction の推進により、ここ数年で建設業のデジタル化が進展してきました。

ロボットや自動制御、AI などにより、危険で人手のかかることが当たり前であった建設業の業務変革が始まりつつあります。

IoT を使って施工現場の作業データを収集し、集まったデータを AI によって分析して、作業や技術の見える化と標準化を図ろうとしています。熟練の作業員でなくても同等の作業を誰でも行えるようになります。

一方で、こうした最新技術は、使いこなせる作業員の育成あるいは確保が前提です。既存の作業員を育成する環境と時間を準備することや、専門知識を備えた人材を採用・確保することが必要です。

◇ 期待が高まる建設業界のDX戦略

建設 DX ではクラウドで情報を共有し、様々なデータの活用が進みます。現場、測量、調査から維持管理まで 3 次元の統合モデルを用いたプロジェクト管理が行われます。3 次元モデルには様々なデータが紐付けされます。

例えば、ドローンを使って取得した現地の地形データが仮想空間に送られ、3D の地図が作成されます。そして、地図から設計図が作られてそのデータが衛星に送られ、その情報を地上の重機が受信して自動運転をします。管理者は、MR 技術を活用して自宅から現場の検討会に参加することもできます。詳細な 3 次元モデルや工事の進捗状況も確認できます。さらに、属性情報として資材の種類や数量など、必要なデータを紐付けることが可能になります。

これによって、仮想空間を活用して設計、施工などの効率化や関係者間の合意形成を行うことができます。よりスピーディーに多くの情報を確認して必要な調整を図ることができ、加えてノウハウの蓄積、継承にもつながります。完成した建物の維持管理には、IoTを活用したモニタリング技術が使われます。建物や部材の情報だけでなく、気象情報も取り入れて、どの部材をいつ更新すべきかまで判断できます。

　建設DXがさらに進むと、所要条件から企画案を立案し、自動設計を行って、自動で施工計画を立てます。そして自動で施工して、維持管理も自動で行うような建設業界になります。

建設DXで変わる建設業界

●図面での打ち合わせ

2次元の紙の図面で作業

理解できない

どうなっているのだろう

図面
(2次元)

これはここが問題だ

不参加の人は共有できない

●BIM/CIMの導入

BIM/CIMが導入されると➡プロセス間でのモデル連携による効率化・高度化への展開

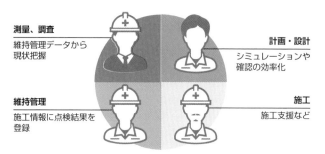

測量、調査
維持管理データから現状把握

計画・設計
シミュレーションや確認の効率化

維持管理
施工情報に点検結果を登録

施工
施工支援など

初めてのBIM/CIM（国土交通省）より作成

これまでの建設プロセスと今後

プロセス	概要		課題	
測量	地表の形状を地面に測量機器を設置・撤去させながら測定	2次元の紙の図面での作業（打合せ、指示、記録等）	・地面に測量機器を設置・撤去させながら測定を行うため重労働	生産性が他の業種に比して低水準
地質調査	地中の状況を過去の資料を基にしたり部分的に掘削して図面化		・地質調査地点選定に苦慮 ・断面の地質図作成に多くの時間が必要	
計画・設計	構造物を建設する場所及び構造物のそのものの形状などを検討・決定（検討・決定に際しては図面を利用）		・部材又は構造物の干渉の確認を図面の重合せやイメージ化により行うため多くの時間や熟練が必要 ・部材や材料の数量算出に多くの時間が必要	
施工	構造物を建設（建設会社と図面を通して契約）		・労働災害の多発 ・部材や材料の数量算出に多くの時間が必要 ・施工計画作成に多くの時間や熟練が必要 ・部材又は構造物の干渉の確認を図面の重合せやイメージ化により行うため多くの時間や熟練が必要	
維持管理	構造物が役割を果たすよう点検・記録（紙への記入が多い）し、修繕などを実施		・施工時の資料等の散逸により不具合発生時の原因追求が困難化 ・完成後に点検や補修が不可能な箇所が発生	

プロセス	概要		効果	
測量	ドローン（レーザースキャナ）や準天頂衛星システム（みちびき）を活用し、効率化、高密度化し面的に3次元で測量	BIM/CIMモデルによる情報共有	・短時間で作業が終了	合意形成・意思決定の迅速化
地質調査	BIM/CIMモデルによる可視化、新技術導入により高品質化・効率化		・的確に構造物の建設場所を選定	
計画・設計	BIM/CIMモデルによる可視化と手戻り防止、4D（時間）、5D（コスト）による施工計画作成の効率化		・設計ミス及び手戻りの根絶 ・比較・概略検討を多角的に行うことによるコスト・工期面の最適化	
施工	ICT施工の工種拡大、BIM/CIMモデルに基づく施工、デジタルデータ活用による新技術の導入拡大		・適時的確な設計変更 ・施工性の向上による工期短縮 ・情報化施工とのデータ連携 ・工事現場の安全性向上	
維持管理	ロボットやセンサーによる管理状況のデジタルデータ化、3次元点検データによる可視化		・的確な維持管理 ・不具合発生時の的確な対応	

初めてのBIM/CIM（国土交通省）

コラム　建設業DX時代の位置情報の重要性

　建設 DX において、デジタルデータで現実空間を再現するためには、正しい位置情報を利用する必要があります。仮想空間と現実空間の位置情報がずれていると、法的に必要な距離・面積・方位が決まらないほか、誤進入、衝突などの危険もあります。

　わが国では地殻変動の影響により年に数センチメートルの地面の移動が生じています。従来の測量では、基準点からの相対的な測量であるため、基準点が一緒に移動していれば大きな問題にはなりませんでした。しかし、衛星測位技術の発展により絶対値座標が得られるようになったため、そのままでは地殻変動の影響で高精度測位情報と地図が正しく重なり合わず、高精度測位情報の活用に支障が出る可能性があります。

DXの位置情報の共通ルール「国家座標」

❶インフラ DX と位置情報
インフラ DX、デジタルツイン、Society5.0 のサイバー空間などのデジタルデータで空間を再現するには位置情報（座標）が必要

❷「国家座標」とは
国の位置の基準・共通ルール。日本の国家座標は、測量法で定められた日本経緯度原点、電子基準点、基盤地図情報などと整合する座標

❸共通ルール国家座標に準拠しないと
他のデジタルデータと重ならない、接合しない

❹日本の地理的特性 地震とプレート運動
位置は地殻変動により時間変化する
➡インフラの位置も変化➡維持管理が必要

❺国土地理院の取り組み例
国家座標を対象とした地殻変動補正システムを開発

❻国家座標に準拠すれば
・経時変化に追随
・地震に伴う地殻変動にも順応
・ズレによる事故や混乱が回避される
・他のデジタルデータと重なる

❼持続可能・安全・高品質な DX のために
インフラ DX の3D デジタルデータは、共通ルール「国家座標」に準拠

インフラ分野の DX に向けた取組紹介（国土交通省）より加工
200729_03-2.pdf (mlit.go.jp)

そこで国土地理院では、地殻変動の影響を補正して国家座標に整合した基準点を示す仕組みを 2020 年 3 月から公開しています。高精度測位情報を国家座標に基づく地図に整合させるための補正パラメータファイルや補正計算機能を提供するシステムが、定常時地殻変動補正システムです。補正を行うための情報を 3 カ月ごとに提供します。

定常時地殻変動補正システム

定常時地殻変動補正サイト POS2JGD「はじめに」（国土地理院）より加工
Microsoft PowerPoint - POS2JGD_ はじめに（案）ver2 (gsi.go.jp)

メモ 建設 DX 実験フィールド

　国土交通省国土技術政策総合研究所では、産学官の技術開発の促進等に向けた研究施設として「**建設 DX 実験フィールド**」を開設している。無人化施工、自動施工、ローカル 5G を活用した遠隔操作、3 次元データなどを活用した計測および検査などに関する技術開発に利用できる。約 2.6 万 m² の土工フィールドや実物大の出来形計測模型などを、民間企業なども利用できるように開放している。

建設業DX企業の破綻

　建設DXのスタートアップとして注目されてきた米Katerra（カテラ）が2021年6月に経営破綻しました。カテラは2015年設立で、9カ国に約6,400人の従業員を抱える企業でした。カテラは、企画・設計、構造部材や住宅設備の生産、現場での施工までをワンストップで提供する垂直統合モデルを目指し、建設DX企業として注目されていました。建築物の部品をモジュール化して工場生産を進めて建設現場での作業を減らし、建築生産プロセスの管理によって無駄なコストを省き、工期短縮や品質向上などを図るという計画でした。計画の実現に向けて、カテラは国内外の設計事務所や建設会社など20社以上を次々に買収し、2019年にはアパート建設戸数全米5位となりました。そしてカテラはM&Aと並行して、モジュール化した構造部材や窓などを製造する自前の工場にも積極投資していました。

　カテラの経営者には建設業界に詳しい人材がいませんでしたが、古い習慣に染まっていないから業界を変革できる、最新技術で業界を一変させている、と主張していました。データを活用したプロセス管理については、Apolloと呼ぶデジタルプラットフォームでプロジェクトの計画段階から竣工後まで、サプライチェーン全体のコストや工程、資材、労務などを一貫して管理する仕組みでした。しかし、実際にはコストや工期が予定を上回る物件が多く破綻に至りました。コロナ禍の影響もあったといわれています。

　建設工事は、多くの関係者の協力によって成り立っています。特に建築は土木に比べて工種が多く分業が進んでいるため、垂直統合は簡単ではありません。建設業界にDXを持ち込む利点はありますが、建設業に不慣れな経営者が理想と現実のギャップを埋めることができなかったのだろうといわれています。

3 建設業DXの技術

BIM/CIM、ドローン、レーザー、360°カメラ、VR/AR/MR、5G、AI、ロボット、遠隔操作や自働化など、技術の発達が業務と現場を大きく変えつつあります。場所や距離、時間の制約もなくなります。これまで技術的な限界に阻まれてやりたくてもできなかったことが実現できる時代です。

01 DXの基本となるBIM/CIM

設計データがなければ、建設プロセスはスタートできません。BIM/CIM が建設 DX の根幹です。

◇ BIM

BIM *とは、建物の企画・設計段階から施工、完成後を 3 次元モデルで作成し、情報共有とコスト削減などにつなげる技術です。BIM では、コンピュータ上に作成した 3 次元の建物モデルで、意匠表現や構造設計、設備設計のほか、コストや仕上げなどの情報も加えて一元管理します。

実際の建築物を施工する前に、データを活用して、意匠、構造、設備などの様々な仕様やコストを管理したり、環境性能の確認や効率のよい施工計画の作成をすることが可能です。

従来の 2 次元の図面では、実際にどんな建物が建つのか、人によって理解度に違いがあり、「実際に建ってみないとわからない」というケースは少なくありませんでした。BIM を使うことでイメージを共有できるだけでなく、性能・構造などの解析を行うこともできます。作業の手戻りも少なくなります。

「設計図書間で整合性がとりやすい」「図面など設計図書のミスが減少する」「設計変更に伴う手間やコストが減少する」といった業務上の効率化だけでなく、「空間利用計画の検討」「部材の干渉チェック」「環境解析」などへの活用も進んでおり、設計レベルの向上につながっています。

◇ BIM/CIM

これまで、わが国では建築分野の「BIM」、土木分野の「CIM*」と区分けされていました。国土交通省では、2018 年 5 月から従来の「CIM」という名称を「BIM/CIM*」に変更しました。これは、海外では「BIM」は建設分野全体の 3 次元化を意味し、土木分野での利用も「BIM for infrastructure」と呼ばれ、BIM の一部として認識されているためです。

---

*BIM　Building Information Modeling の略。
*CIM　Construction Information Modeling, Management の略。
*BIM/CIM　Building / Construction Information Modeling, Management の略。

BIMとは

コンピュータ上に作成した主に **3次元の形状情報**に加え、**室等の名称・面積、材料・部材の仕様・性能、仕上げ等、建物の属性情報**を併せ持つ建物情報モデルを構築するシステム。

現在の主流（CAD） 平面図・立面図・断面図／構造図／設備図

・図面は別々に作成
・壁や設備等の属性情報は図面とアナログに連携
・建設後の設計情報利用が少ない

BIMを活用した建築生産・維持管理プロセス

・3次元形状で建物をわかりやすくして、理解度を向上
・各モデルに属性情報を付加可能
・建物のライフサイクルを通して設計から資産管理まで活用

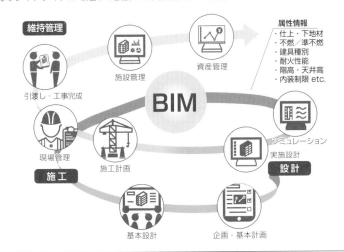

●将来BIMが担うと考えられる役割・機能

Process	Database	Platform
・コミュニケーションツールとしての活用、設計施工プロセス改革等を通じた生産性の向上	・建築物の生産プロセス・維持管理における情報データベース ・ライフサイクルで一貫した利活用	・IoTやAIとの連携に向けたプラットフォーム

建築分野におけるBIMの標準ワークフローとその活用方策に関するガイドライン（建築BIM推進会議）より加工

◇ BIMのメリット

　BIM の **3 次元モデル**は、企画、設計、施工から維持管理まで、建築の
ライフサイクル全般で活用することで大きなメリットを発揮するだけでな
く、業務の一部で活用する場合でも、業務効率を大きく改善することがで
きます。建物の品質や性能を向上させ、業務効率を改善し、建築ビジネス
に変革をもたらします。

　① ビジュアルによるコミュニケーションで理解・意思決定を促進します。
　　事業主と施工主とのコミュニケーションを円滑にし、意思決定を迅速に
　　します。
　② シミュレーションにより建物の性能・意匠・構造の検討、設備との干渉
　　チェック、環境性能の解析を行うことができます。設計初期段階での検
　　討を容易にし、設計品質を向上させることで手戻りなどの無駄なコスト
　　を削減します。

◇ 工程管理への活用

　施工手順や工程計画を BIM 上で検討することで、工期どおりの工事の
実現をサポートします。BIM の設計情報に時間、人、資材コストなどの情
報を付加してシミュレーションすることで、施工手順やスケジュールを事
前に検討する **4D シミュレーション**も可能です。4D とは 3 次元モデルに
時間軸を持たせた BIM モデルです。工程データをリンクさせることで、建
物ができあがる様子を確認することができます。

◇ 建設DXの根幹となるBIM/CIM

　建設 DX で活用が期待される AR（拡張現実）や遠隔検査、重機の自動
制御なども、設計データや関連データがあってこそ成立するものです。建
設プロセスを一貫して管理することができる BIM/CIM が、建設 DX を促
進する根幹です。

　BIM の活用が広がっていますが、業務ワークフローを BIM の活用に合わ
せて変更しないと、大きな成果にはつながらないことがわかってきました。

◇ 直轄工事でのBIM/CIM活用

　2020年4月、国土交通省は、2023年までに小規模工事を除くすべての公共事業にBIM/CIMを原則適用することを決定しました。これまでは、2025年までにすべての公共事業にBIM/CIMを原則適用することとしていましたが、実質2年前倒しとなりました。

　2020年3月には「発注者におけるBIM/CIM実施要領」が国土交通省により公表され、発注者の責務や役割が明確になりました。「BIM/CIMモデルの確認や修正指示ができるようハードウェアやソフトウェア、通信環境を整備すること」「発注前に、利用の目的を明確にしておくこと」さらに「BIM/CIMモデルの過度な作り込みを指示しないこと」が示されています。BIM/CIMの活用は手段であり、生産性を上げることが目的であることを明確にしています。

従来のCADとBIMの違い

従来のCAD

線分

線分

3次元形状のみ

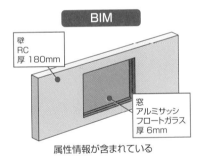

BIM

壁
RC
厚 180mm

窓
アルミサッシ
フロートガラス
厚 6mm

属性情報が含まれている

施工BIMのすすめ（一般社団法人日本建設業連合会）より

メモ　3次元モデル

　構造物等の形状を3次元で立体的に表現した情報である。3次元モデリング手法にはフレーム、サーフェス、ソリッドなどがある。構造物には、体積を持ち干渉チェックのできるソリッドが用いられる。地形にはTINが利用される。TINは三角形の網で山や谷などの変化に富んだ地形を表現することができる。

02 設計BIMと施工BIM

BIMの活用においては、設計段階から施工段階へのBIMモデルの引き継ぎが重要です。

◇ 設計段階のBIM

　BIMを活用することにより、設計から施工、維持管理における業務量や時間、コスト、様々なリスクを低減するといったメリットがあります。さらに、BIMは建設物の情報のデータベースとしての活用も期待されています。

　しかし現状では、BIMの活用状況は、設計、施工の各プロセスにおける限定的なものであり、横断的な活用があまり行われていません。各プロセスでBIMを受け渡して活用することができれば、重複していた入力・加工作業などを省略できるだけでなく、関係者間での理解が深まり情報伝達が円滑化します。設計段階から施工計画を検討することで、設計から施工までの工期の短縮やコスト低減につながります。

　現実的には、設計段階と施工段階ではBIMモデル活用の目的が異なるため、求める詳細度や作成方法に違いがあります。そのため、BIMに取り組む前に設計者と施工者が役割分担やルールを決めておくことが大切になります。設計と施工の発注が分離している場合も、施工側で活用できるように引き継ぎを考慮することが大切です。

　設計段階BIMの主な目的は以下の4つです。

①3次元での可視化によるわかりやすさ
　早めに発注者の合意を得て、変更も減らします。
②意匠設計、構造設計、設備設計の整合性
　設計段階の不整合をなくして品質の向上を図ります。配管などの設備ルートの検討に有効です。構造設計では構造解析ソフトとも連携します。
③設計の可能性拡大
　シミュレーションを行うことで建物の可能性を検討します。
④情報の集約
　BIMモデルに情報を集約し、その情報を活用しやすくします。

　基本設計から実施設計に進むと、より詳細な検討が必要になるため、メーカーの部品・製品データを BIM に取り込んで反映させます。BIM モデルの作成において専門工事会社の協力を得ることもあります。このようなプロセスを経て、確認申請に向けて建物への理解が深まります。

　設計段階で BIM モデルに入力した数量から積算・見積を行うこともできます。

◇ 施工段階のBIM

　施工段階 BIM も、見える化が大きなメリットです。BIM モデルの情報を使ってスケジュール管理やコスト管理も行うことができます。

　現場の管理では、VR・AR・MR と連携した活用や、現場の 3D レーザーでの点群計測との重ね合わせによる確認も行われます。

　維持管理段階の BIM 活用はこれからです。BIM モデルの属性情報をメンテナンス業務に活用します。

干渉のチェック

鉄骨・スリーブのモデル
鉄骨ファブが作製
（Real4）

設備のモデル
サブコンが作製
（CadWe'll Tfas）

FC 形式　　　　　　　　IFC 形式

鉄骨と設備の干渉チェック

建設・設備モデルの重ね合わせ
ゼネコンが作製
（Solibri Model Checker）

施工 BIM のすすめ（一般社団法人日本建設業連合会）

◆ BIMの詳細度を表すLOD

BIMモデルには様々な情報を盛り込むことができますが、常に細かく作り込み、入れられる情報はなんでも盛り込もうとすると、作成に時間がかかります。設計段階における構造確認や干渉チェック、日影の確認などの解析では、スピードを考慮して簡易的なモデルを作ることもあります。このようにBIMの3Dデータは、設計しているモデルが設計のどの段階にあるのか、そしてその使用目的により、どの程度詳しく作り込むべきかが決まります。従来の2DCADでの作図業務をBIMに置き換えるだけで作図時間は2〜3倍になることもあるといわれているため、BIMモデルをどこまで作り込むかという判断は非常に重要です。

BIMの詳細度を示すのが **LOD** です。LODは「Level of Development」「Level of Detail」の略称で、LOD100、LOD200、LOD300、LOD400のように表現されます。数字が大きいほどBIMデータが詳細になります。

LOD100では、構造部分が示されているだけで、形状やサイズの情報はありません。LOD200では、おおよそのサイズ、形状、位置、向きが示されます。LOD300では、具体的なサイズ、位置、向きが示され、LOD350では、構造や周辺部材とどのように連結しているのかもわかります。LOD400では、加工を行うことができる情報が含まれています。そしてLOD500では、仕上げと設置が完了して現場での確認が行われたレベルで、維持管理で活用できるように品番、製造者、購入日などの情報まで含まれています。

基本設計でLOD100、実施設計でLOD200〜350、詳細設計でLOD300〜400、施工・維持管理でLOD400〜500が目安となります。

メモ **3次元点群データ**

写真測量やレーザースキャナによる3次元測量によって得られた3次元座標を持つ点データの集合である。略して点群とも呼ばれる。点群を3次元化してBIM/CIMの元データとすることができる。

建設工事の工程とBIM活用

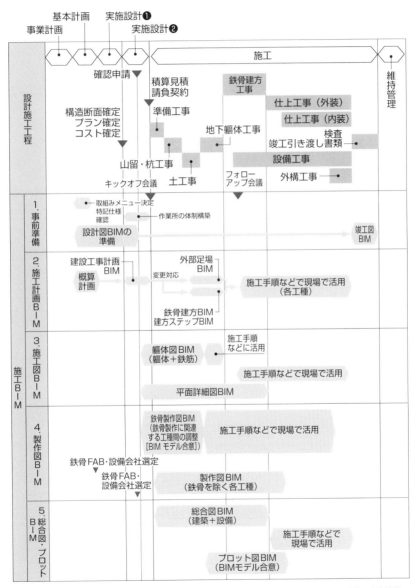

施工 BIM のスタイル 施工段階における BIM のワークフローに関する手引き 2020（一般社団法人日本建設業連合会）を加工

03 フロントローディング

フロントローディングとは、一般的に設計初期の段階に負荷をかけ（ローディング）、作業を前倒しで進めることをいいます。

◆ 設計と施工の協業

　建設業のフロントローディングでは、プロジェクトの早い段階で建築主のニーズを取り込み、設計段階から建築主・設計者・施工者が三位一体で合意形成を進め、後工程の手待ち・手戻りや手直しを減らします。

　従来は設計段階で施工者の意見が反映されることは少なく、実施設計の後半から関わることが一般的でした。また、設計の遅れにより施工準備段階でも設計が続いていることがありました。これが施工途中での変更や手直しの原因となり、工期の遅れや品質低下、コストアップにもつながっていました。

　これまで施工段階で行っていた検討を設計段階に前倒しすること、および設計と施工の協業により生産性を上げようとしています。

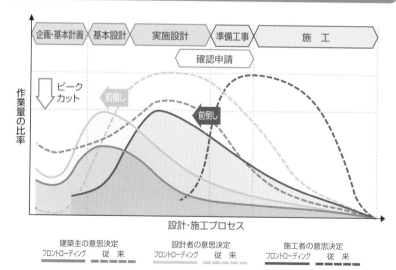

設計・生産プロセスの前倒しと全体業務量の削減

フロントローディングの手引き 2019（一般社団法人日本建設業連合会）に加工
https://www.nikkenren.com/publication/detail.html?ci=310

　設計初期に、3次元モデルと必要な属性情報の作り込みを行い、この情報を活用したシミュレーションや検証を行います。早い段階から協業することで、問題点を早く見つけて解決し、全体の業務量を削減することができます。早い段階で設計品質を高めることが可能です。

　このようにして、設計の現場で頻発する手戻りによるスケジュールの長期化や無駄なコストの発生を、事前に防ぐことが可能になります。

◇ 現場へのしわ寄せを解消

　特に技術的難易度の高い建物においては、設計段階で工法や施工技術の要素を設計図書に取り込むことが大切になります。元請けの施工技術者だけでなく主要専門工事業者の参画が必要になるため、早めに専門工事業者を決めることが大切になります。

フロントローディング概念図

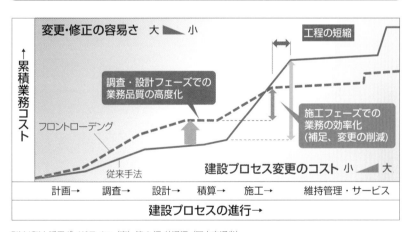

BIM/CIM 活用ガイドライン（案）第1編 共通編（国土交通省）

これまでは、設計作業が遅れても、途中で変更が生じても、工期も工事予算もほぼ予定どおりに納まるという現場が多くありました。それは、最後は現場がなんとかするという現場頼みの業務の流れが普通だったからです。フロントローディングの普及により生産性が向上するだけでなく、現場へのしわ寄せが解消されることも期待されています。

◇ BIMとのセットで効果を上げる

これまでの業務の流れでは、実施設計段階に仕事量のピークがありました。そのため、設計図の不整合や未決定部分の存在が、コストアップや工期の遅れ、品質低下の原因となっていました。BIM を導入してフロントローディングを実施することで、このピークを基本設計段階に前倒しすることができます。そして、コストアップの要因となるあらゆる問題を排除していきます。

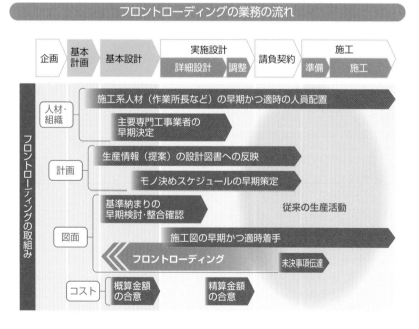

フロントローディングの手引き 2019（一般社団法人日本建設業連合会）
https://www.nikkenren.com/publication/detail.html?ci=310

建設業DXの技術

3次元自動設計

パラメトリックモデルによる自動設計が提唱されています。

◇ モデル作成時間の短縮

BIM/CIM の導入により、関係者の工事に関する理解度の向上、施工データの効率的な蓄積など多くのメリットが確認されています。しかし、詳細な3次元モデルを作成する手間や多大な作業コストが、BIM/CIM の導入や活用を阻害する原因となっています。

パラメトリックモデルとは、あらかじめ定義されたテンプレートに寸法値等の**パラメータ**＊を入力するだけで、簡単に作成・修正できる3次元モデルのことです。パラメトリックモデルを活用することで、3次元モデルの作成時間が短縮されます。

◇ パラメトリックモデル

これまでは CAD ソフトで端点の座標や距離、角度等を細かく指定して断面を作成していましたが、パラメトリックモデルを導入することにより、基本となる構造物を選択してパラメータを入力するだけで、3次元モデルの作成や修正を行うことができます。最近の多くの3次元 CAD はパラメトリックモデリングの機能を備えているため、モデルの作成作業や照査が簡略化されます。頻繁に使用する部材については、幅、高さ、長さなどのパラメータをインプットすると自動的に3次元モデルが生成されます。

市販されている多くの CAD ソフトウェアでは、断面をテンプレートとしたパラメトリックモデルを簡単に作成できる機能を備えています。しかし、個々のソフトウェアでのパラメータの設定方法が共通ではないため、異なるソフトウェア間では、パラメトリックモデルとしてデータを受け渡しできないという問題があります。

＊**パラメータ**　変数のこと。それぞれの仕組みに対してパラメータが設定されている場合、パラメータの値を変化させることにより、出力結果も変化させることができる。

◆BIMオブジェクト

BIMオブジェクトは、建物を構成する部品をBIMでモデル化したもので、形状情報と属性情報で構成されます。属性は性能、種別、法令、仕様、耐久性、コストなどです。BIMを使用する場合は、このオブジェクトを作成して繰り返し使用します。これまでは個々の企業がオブジェクトを作成していましたが、円滑な情報連携のためにオブジェクト標準を定め、オブジェクトの提供を行う**BIMライブラリ**を構築することになりました。これにより BIMを活用できる環境を国が整備します。

BIMオブジェクトには**ジェネリックオブジェクト**と**メーカーオブジェクト**があります。

ジェネリックオブジェクトとは、設計上必要となる高さや幅などの形状により作成されるもので、メーカー固有でない標準的な形状を持つモデルです。CADソフトウェアの種類にかかわらず、作成されるモデルは共通のものとなります。パラメトリックモデルはジェネリックオブジェクトに位置付けられます。

メーカーオブジェクトは、各部材メーカーなどが提供する製品固有の形状を持つモデルです。各メーカーがメーカーオブジェクトの提供を始めています。

メモ BOM 変換

BIM/CIMで作成した設計モデルを施工作業単位のモデルに変換すること。

メモ BIM ライブラリ

BIMでは、3DモデルにBIMパーツと呼ばれる建材や設備の3Dモデルを配置しながら設計を進めていく。BIMパーツがない場合は、CAD部品サイトで探したり自作するため、BIMパーツがスムーズに入手できるかどうかで、BIMによる設計効率は大きく左右される。BIMライブラリ技術研究組合がBIMオブジェクトを標準化し、その提供や蓄積を行うBIMライブラリを構築・運用している。

パラメトリックモデル作成のイメージ

●ボックスカルバート

構造物のテンプレート

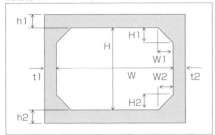

断面形状の設定

パラメータ		寸法値 (m)
内空高	H	5.000
内空幅	W	7.000
頂版厚	h1	0.550
底版厚	h2	0.500
側壁厚 1	t1	0.550
側壁厚 2	t2	0.550
上ハンチ高	H1	0.450
⋮	⋮	
⋮	⋮	

寸法値を入力して断面を作成

（パラメータの入力インターフェースのイメージ）

データ交換を目的としたパラメトリックモデルの考え方（素案）（国土技術政策総合研究所）

ジェネリックオブジェクトとメーカーオブジェクト

●標準図（例：側溝）

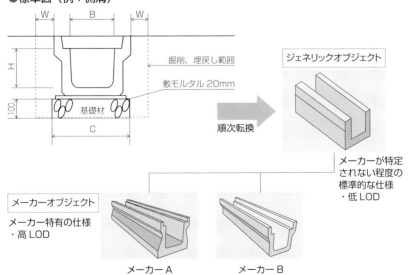

データ交換を目的としたパラメトリックモデルの考え方（素案）（国土技術政策総合研究所）

測量や点検に活躍するドローン

建設業界のドローン活用は工事現場の空撮から始まりました。ドローン測量では、レーザーやカメラを搭載したドローンを利用して上空から広範囲の地形を測ります。

◇ 空飛ぶ建設機械：ドローン

測量や計測は地味で時間がかかる作業です。これまで、狭い範囲では地上での測量、広い範囲では航空機を使った測量が主流でした。現在も土量の計測などは主に**光波測量***が行われています。

地上での測量で広い範囲を測量するためには、長い時間と多くの人員が必要となります。航空機を使うと短時間で広大な範囲の測量が可能ですが、高額な費用が発生してしまいます。そこで、測量に利用され始めたのが**ドローン**です。ドローン測量は費用を抑えて比較的広範囲な測量を行うことができます。

ドローンは、小型で自動操縦により飛行できるものです。航空法では無人航空機として「飛行機、回転翼航空機、滑空機、飛行船であって構造上人が乗ることができないもののうち、遠隔操作又は自動操縦により飛行させることができるもの（200g 未満の重量のものを除く）」と定義されています。

無人航空機であるドローンは、有人航空機に比べて準備にも時間がかからないため、人件費を削減することができます。

◇ 危険な場所での測量も

人が地上で測量を行う場合、人が立ち入れない場所や危険な場所では測量を行うことができませんでした。しかし、ドローンは測量する場所について制約を受けません。

ドローン測量は比較的広範囲の測量には適していますが、測量範囲が狭い場合には割高になる可能性があります。狭い範囲であれば、地上で人間が測量を行った方が費用を抑えられるためです。

***光波測量** 光を利用した測量である。測距儀から測点に設置した反射プリズム（ミラーとも呼ばれる）に向けて一定の周期で明滅する光波を発射し、反射した光波を測距儀が感知するまでに明滅した回数から距離を測る。

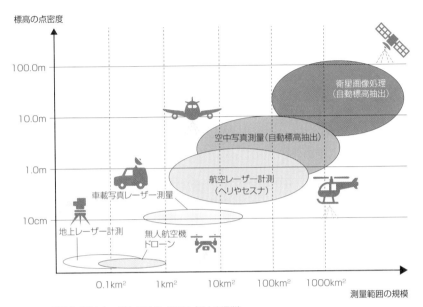

3次元測量の点密度と適用範囲

標高の点密度

BIM/CIM 活用ガイドライン（案）第1編 共通編（国土交通省）

また、測量範囲が広くても凹凸がないような場所であれば、人が地上から簡単に測量を行うことができます。測量を行いたい場所に応じて測量方法を選択することが大切です。「広範囲・高所・難所」がドローン活用のポイントです。ドローンの飛行可能時間は比較的短いため、広範囲の測量を行う場合はバッテリー交換が必要となる可能性があります。

◇ 3Dモデルの作成もできる

ドローン測量は、上空から短時間で測量を行うことに加え、測量データの解析を素早く行うことができ、3D モデルの作成も比較的容易に行うことができます。従来の、地上で測量を行う場合では、測量作業に加えて取得データから必要な図を作成するためにも時間を要していました。ドローンは地形の情報を点群データとして保存しているため、専用ソフトを用いて自動的に解析を行うことができます。

◇ 総合ドローン点検ソリューション

　DroneRoofer は、手元の iPad をタップすることでドローンを自動操縦し、屋根や外壁といった高所を、ドローンに搭載された高画質カメラで目視点検できるシステムです。ドローンを飛行させているその場で随時 iPad の画面をタップして方向を指示することができるため、戸建物件などの小回りが必要な現場で力を発揮します。

　DroneRoofer を活用して撮影した点検・現調写真は操縦者の iPad に送信され、アプリを使って施主への説明、屋根や外壁の面積計算、点検報告書の作成まで行うことができます。

◇ 橋梁の点検

　橋梁の老朽化と交通量の増大によって点検が重要になり、5 年に一度の点検が義務化されています。これまでの点検作業は人が行うため交通渋滞の原因になったり、点検作業者の安全上の問題もありました。

　しかし、ドローンを使って安全・迅速・効果的に点検を行うことができるようになりました。ドローンのカメラで撮影された画像からの点群作成、分析、異常検出などの個々のプロセスで活用できる技術が開発されています。

　一連の情報を活用して損傷の特定、点検調査書の作成までクラウド上で行うことができると業務の大幅な効率化につながります。

測量方法別の測量範囲と精度

測量方法	適した測量範囲	測量精度	費用
トータルステーションを利用した地上での測量	狭	高精度	
ドローンを用いた上空（低空）からの写真やレーザー照射による測量	中	$4 \sim 400$ 点 /m^2 程度	安い
セスナなどを用いた上空（高空）からの写真やレーザー照射による測量	広	$1 \sim 10$ 点 /m^2 程度	高い

06 ドローン測量の種類

ドローンによる測量には、光学カメラを利用した「写真測量」とレーザー測距装置を利用した「レーザー測量」があります。

◇ ドローンによる写真測量

　ドローンによる**写真測量**では、光学カメラを利用した航空写真をつなぎ合わせて地形情報を取得します。

　物体を片目で見ると距離感がつかめません。そして右目だけ、または左目だけで見ると左右にずれて見えます。ところが両目で見ると、左右の目から別々に入ってズレていた映像が脳内で合成されて立体として認識されます。この左右の目で見たズレである視差を利用するのが写真測量です。視差分をずらした位置から同一の立体物を撮影した平面写真をもとに、立体像を再現します。

　そして、水平位置と高度がわかっているGCP（標定点）と写真を対応させて、撮影エリア全体の3次元位置情報を取得していきます。

　写真測量によって得られる地表データ数や測量精度はレーザー測量に比べて劣りますが、機材が安価なため測量費用を抑えることができます。

◇ ドローンによるレーザー測量

　レーザー測量では、レーザー測距装置から得られる距離情報およびGCPから得られる位置情報を組み合わせて地形情報を取得します。レーザー測距装置は、レーザー光線を地表へ照射し、反射したレーザー光線をもとに地表との距離を測定します。

　多くのデータを取得することができるため、写真測量に比べて精密な地表データを得ることができます。ただし、レーザー測距装置が高価なため、測量にかかる費用は高額になります。

　照射するレーザー光線の本数が多ければ、木の葉の隙間からレーザーを地面に届けることができるため、多少の植生がある場所でも地表の様子を調査することができます。

◇ GCPとは

航空写真測量の既知点として、地上に GCP *を設置し、GCP をもとに **UAV** *の位置情報を解析・補正し、測量基準の精度を確保します。しかし、GCP の設置に人手がかかることが、UAV 測量における大きな課題となっていました。

そこで **PPK** *（後処理キネマティック方式）と呼ばれる測位システムを搭載した UAV を使用することで、GCP を設置しなくても高精度の測量を行うことが可能になりました。

メモ　オルソ画像

空中写真で高い建物を撮影すると、写真の中心から外側へ傾いているように写る。そこで、複数枚の写真を組み合わせて、傾きや歪みを補正して正確な位置と大きさに表示されるようにすることで、地図と同じように真上から見たような傾きのない正しい大きさと位置に建物が表示される。このようにすると、画像上で位置、面積および距離などを正確に計測することが可能となり、地図と重ね合わせて利用することができる。

最近では、地図の制作方法もコピー機で紙をスキャンするように、空中から地表をスキャニングする方法に置き換わりつつある。

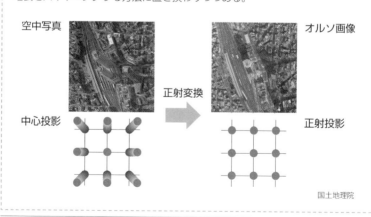

空中写真　　　　　　　　　　　　　　　　オルソ画像

正射変換

中心投影　　　　　　　　　　　　　　　　正射投影

国土地理院

---

*GCP　　Ground Control Point（標定点）の略。
*UAV　　Unmanned Aerial Vehicle（無人航空機）の略。ドローンのこと。
*PPK　　Post Processing Kinematic の略。

　PPK は、全国約 1 万 3,000 カ所に設置されている電子基準点の補正情報をもとに自ら位置を補正し、誤差数 cm の高精度を実現できる測位システムです。この PPK を搭載した UAV を使用することで、GCP がなくても測量基準を満たすことが国土交通省の技術調査「建設現場の生産性を飛躍的に向上するための革新的技術の導入・活用に関するプロジェクト」（2019 年度）で確認されています。

　2020 年 4 月からは国土交通省の測量基準が改定され、実際の工事にも適用できるようになりました。

◇ 3次元点群データ

　3 次元点群データとは、計測によって取得した XYZ 軸の情報です。UAV から撮影した空中写真、UAV に搭載したレーザースキャナや地上レーザースキャナによって測量した地形を 3 次元点群データとして把握することができます。

　UAV では、気圧計などから取得する自らの高度情報および GPS や GLONASS の人工衛星から取得する位置情報を、光学カメラやレーザー測距装置でとらえたデータと組み合わせることで、位置情報を持つ「点の群れ」をデータとして取得することができます。このデータを専用ソフトで加工することで、地点 A から特定の地点 B までの距離の計測や盛土の体積算出、3D モデル作成、図面作成、出来形管理などを行うことができます。

メモ 3 次元点群データの活用

　3 次元点群データは、自動車の自動運転やドローンの運行管理、防災など、多様な分野での活用可能性がある。そこで、国土地理院は 3 次元点群データの活用アイデアを募集している。応募者には航空レーザー測量で得られた 3 次元点群データなどが提供され、データ活用の実証を行って報告する。提供されるデータは、地盤の高さだけでなく建物や樹木の高さも含んでいる。このようにして、3 次元点群データ活用の可能性の探索が行われている。

◇ 3Dマッピングソフト：DroneDeploy

　DroneDeploy を利用すれば、アプリ上で測量エリアを設定して撮影をすることができます。ドローンは自動的に離陸して指定されたルートで撮影を行い、自動的に離陸地点に着陸します。撮影データをクラウドに送ると、数時間後には高解像度の 2D マップや 3D モデルなどができます。

　撮影した写真から、農地や森林の健康状態もわかり、植生マップを作ることも可能です。健康な植物と問題を抱える植物では色の反射率が異なる、という原理を利用して、広範囲をマップ化します。

メモ　GLONASS

　GLONASS[*]は、ロシアの人工衛星の信号を利用した衛星測位システムである。衛星測位システム（GNSS）には、GLONASS のほか、アメリカの GPS、欧州の Galileo、日本のみちびき、中国の BeiDou、インドの NAVIC などがある。

GPS（衛星数31）にGLONASS（衛星数23）を加えることで測位精度を向上させることができます。

by Satanv

＊**GLONASS**　Global Navigation Satellite System の略。

▲ドローン測量

正確に同じルートを撮影できるドローン測量の特性を利用して、定期的にデータを取得することができます。そうすることで、森林の葉の増減といった成長状態から枯れ、枯死のような被害状況などまで把握することができます。

3次元測量手法

3 次元測量手法		計測点密度[*3]	計測制限等の特記事項
航空レーザー測量		1~10 点 /m^2 程度	高架橋下、トンネル内は取得できない。DSM[*1] と DTM[*2] の双方の標高モデルが取得可能。
車載写真レーザー測量		4~400 点 /m^2 程度	道路周辺やトンネル内部は計測可能だが、道路沿いであっても建物、塀などにさえぎられる箇所のデータは取得できない。
UAV（ドローン）	写真測量	400 点 /m^2 程度 ※生成する点群の密度	橋梁下部工など高架橋下も計測可能。強風時は計測成果に影響が出る。また、太陽光の影響を受ける。草木が存在し地面を撮影できない場合には、DSM[*1] のみで DTM[*2] は取得できない。
	レーザー測量	4~400 点 /m^2 程度	橋梁下部工など高架橋下も計測可能。強風時は計測成果に影響が出る。草木がある程度ある場合でも地面の計測が可能となり、DSM[*1] と DTM[*2] の双方の標高モデルが取得可能。
地上レーザー測量		10,000 点 /m^2 程度	現地に立ち入れない区域は計測できないが、急傾斜地を対象にした河川対岸部は、データ取得可能。

* 1　DSM（Digital Surface Model）：数値表層モデル（建物や樹木の高さを含んだ地表モデル）
* 2　DTM（Digital Terrain Model）：数値地形モデル（建物や樹木の高さを取り除いた地表モデル）
* 3　計測点密度：利用目的に応じて要求される点密度を選定する
BIM/CIM 活用ガイドライン（案）第 1 編 共通編（国土交通省）より作成

ドローン測量の手順

ドローンを飛ばすには資格も必要です。

◇ ドローン測量の準備

ドローン測量を行うには、機材、操縦士、解析ソフトなどが必要です。

① 機材の費用

小型のドローンは、1式で30万〜40万円くらいです。中型機や大型機の場合は、カメラなどと合わせると100万円以上はかかります。レーザー測量の場合には、機材を揃えるのに1,000万円以上する場合もあります。

② 現場での人件費

ドローンによる測量に必要なのはドローン操縦士だけではありません。ほかにも安全監視員、補助員の人件費が必要です。

③ 画像解析の費用

カメラやレーザーによって取得したデータをもとに、専用ソフトを使って3Dモデルや断面図を作成するのにも費用がかかります。専用ソフトは5万〜10万円くらいで購入できるものもあります。また、月額料金で利用できるソフトもあります。

◇ ドローン操縦の資格

国内では2.4GHz帯を使用するドローンに限り、資格を取得せずにフライトが可能です。産業用ドローンは、電波の混信が少ない5.7GHz帯と5.8GHz帯の周波数を使用しているため、資格が必要です。

ドローン操縦の資格

ドローンの操縦については「民間資格」として
主に以下の3種類が知られています。

① **JUIDA**
（一般社団法人
日本 UAS 産業
振興協議会）
操縦技能証明

② **DJI CAMP
スペシャリスト**
（DJI JAPAN
株式会社）

③ **DPA**
（一般社団法人
ドローン
操縦士協会）
ドローン操縦士
回転翼3級

◇ ドローン測量の手順

①現地調査

測量データの質を上げるために、実際に足を運んで現地調査を行います。障害物の有無や通信状況を確認し、ドローン測量に支障がないかを確認します。

②飛行ルートの作成

現地調査の結果をもとにドローンの飛行ルートを作成します。専用のソフトウェアを用いて、測量現場ごとに最適なルート、高度、シャッター速度、撮影間隔などを決定します。

安全対策や飛行許可申請が必要となる場合は対応を行います。ドローンの飛行は天候の影響を受けやすいため、天候を考えた上で予定日や予備日を決めます。

③ GCP の設置

地上の基準となる GCP（標定点）を設置します。GCP の設置は、距離と角度を測れる装置（トータルステーションなど）を用いて行います。

④データ取得と解析

設計したルートに沿ってドローンを航行させ、上空から地表情報を取得します。取得した地表データをもとに、専用ソフトで解析を行います。ドローンは地表情報を点群データとして取得するため、必要に応じて3Dモデルを作成することができます。

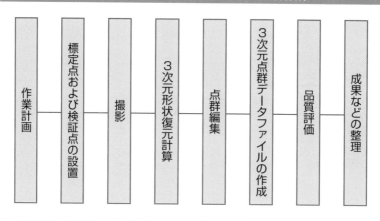

UAVによる空中写真を用いた三次元点群作成

作業計画 ─ 標定点および検証点の設置 ─ 撮影 ─ 3次元形状復元計算 ─ 点群編集 ─ 3次元点群データファイルの作成 ─ 品質評価 ─ 成果などの整理

UAVを用いた公共測量マニュアル（案）（国土交通省国土地理院）

メモ　水中レーザードローン

　水中の測量には、波長の短いグリーンレーザーを用いる。水面で反射する近赤外レーザーと水底で反射するグリーンレーザーの時間差から水中の地形を計測する。下水道管の中を点検するドローンもある。

◆ オーバーラップとサイドラップ

　ドローンで空中から撮影を行う際には、写真に写る範囲を一部重ねる（ラップさせる）ことが必要です。同一の撮影コースで隣り合う写真の重複率をオーバーラップ率、隣接するコースとの重複率をサイドラップ率と呼びます。ラップ率は面積比で表します。精度のよいデータを得るには、分析時に写真同士の対応関係を確認しやすいように、なるべく対象物が重複するように撮影します。

　ラップ率を上げると精度は上がりますが、計測に時間がかかり、写真の枚数も増えるためデータ処理の時間も増えます。国土交通省は、オーバーラップ率を80%、サイドラップ率を60%と規定しています。

オーバーラップとサイドラップ

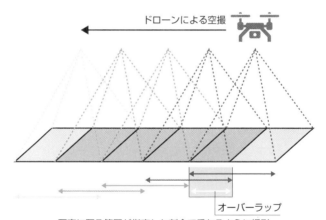

ドローンによる空撮

オーバーラップ

写真に写る範囲が指定した割合で重なるように撮影

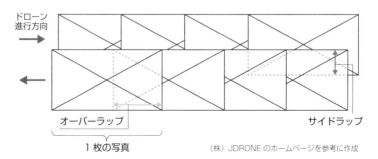

ドローン
進行方向

オーバーラップ　　　　　　　　　　　　　サイドラップ

1枚の写真　　　　　　　（株）JDRONEのホームページを参考に作成

⑧ レーザーと360°カメラ

レーザーや360°カメラを使うと、現場の情報をくまなく収集することができます。

◆ レーザー光を使って測定するLiDAR

LiDAR*は、近赤外光や可視光、紫外線を使って対象物に光を照射し、その反射光を光センサーでとらえて距離を測定するリモートセンシング技術です。レーザー光をパルス状に照射し、対象物に当たって跳ね返ってくるまでの時間を計測することで、物体までの距離や方向を特定します。そして、位置や形状まで正確に検知することができます。電波を使って測定するレーダーに比べて光束密度が高く、短い波長のレーザー光を利用するため、高い精度で位置や形状などを検出できます。

LiDARが大きく発展したのは、1990年代です。LiDARを人工衛星や航空機に搭載し、地形や建造物、森林構造などを測定する測量技術として活用されました。

地上を移動しながら行う地道な測量方法と比べて、人工衛星や航空機からLiDARを用いて行う測量は、時間と費用面で大きな効果があります。レーザーの波長を工夫することで、深度20メートルまでの海底地形を測定することも可能です。

◆ 身近になったLiDAR

小型軽量タイプのLiDARが開発され、無人航空機であるドローンに搭載して測量を行うことが可能となりました。災害発生時の土砂崩れなどを迅速かつ安全に把握することもできるため、人命救助や復興などにも役立っています。アップル社のiPad ProやiPhone 12 ProシリーズにLiDARが搭載されたことで、技術の認知が一気に広がりました。LiDARは、自動車の完全自動運転（レベル5）の実現にも欠かせない技術です。

---

*LiDAR　Light Detection And Ranging または Laser Imaging Detection And Ranging の略。「ライダー」と読む。

ドローンでの測量

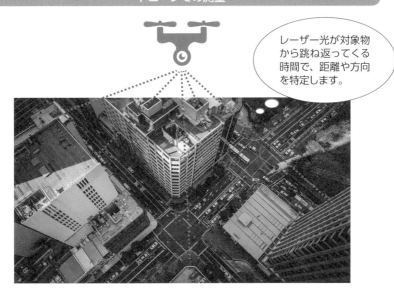

レーザー光が対象物から跳ね返ってくる時間で、距離や方向を特定します。

航空レーザー測深

赤外線レーザーは水面で反射しますが、緑色レーザーは水面および水底で反射します。

BIM/CIM 活用ガイドライン（案）第1編共通編
（国土交通省）を元に作成

◇ 360°カメラ

　施工管理は建設現場における重要な業務です。しかし、毎日の工事を管理する方法は非常にアナログです。

　施工管理者は、現場で膨大な量の写真を撮影して整理することが必要です。

　360°カメラを使うと、撮影した場所の周辺の様子まで併せて記録することができます。建設現場の状況がよくわかり、さらに遠隔地の関係者との打ち合わせでも全体の状況を共有することができるため、コミュニケーションの円滑化に役立ちます。

　これまでは、とにかくたくさんの写真を撮影することで現場の様子を記録していましたが、360°カメラを使えば、たった一度シャッターを押すだけで死角のない部屋全体の状況が記録できます。

　建設中の現場を定期的に撮影することで、見落としがちな箇所も工事記録として残すことができます。さらに、施工後に隠れてしまう箇所の情報は建物の保守管理においても役立ちます。

◇ 現場情報の記録と分析

　HoloBuilder は、建設現場で撮影された 360°写真を整理・共有するクラウドサービスです。

　HoloBuilder を使用すると、撮影した画像は自動的にサーバーにアップロードされ、図面などの文書と一緒に管理できます。これにより、データを細かくフォルダ分けする必要もなくなり、煩雑な書類作業にかかる時間の大幅な削減を実現しています。

　撮影した画像を VR に変換することもできるため、建設現場から離れていてもまるでその場にいるかのように現場を確認することが可能です。

　施工管理者は現場に足を運ぶことなく、進捗を確認したり、ミスの有無を確認したりすることができます。移動時間やコストの大幅な削減になります。

バーチャルとリアルを融合する デジタルツイン

デジタルツインとは、リアルタイムで収集したデータを用いて、現実空間にある設備や環境を仮想空間上で忠実に再現する技術のことです。

◇ 5G×IoTで実現するデジタルツイン

デジタルツインでは、現実空間の実物と仮想空間における BIM/CIM モデルをツイン（双子）とするため、現実空間の変化が同時に仮想空間にも起こるという連動性を持っています。IoT や 5G などの技術の進化・普及が膨大な量のデータの取得・送信を可能にしたことで、双子のようなコピーが実現し、両方を活用してオペレーションやマネジメントを行うことが可能になりました。

デジタルツインは、ドイツの製造業における Industrie4.0 から生まれたコンセプトです。製造業では、設備に取り付けた IoT 機器を通して生産ラインをモニタリングし、そのデータを仮想空間上の設備にリアルタイムに反映させます。生産工程のデータを仮想空間に一元化して見ることができるため、生産ラインに問題が発生した際の原因究明も容易です。生産リードタイムの短縮や人員配置の最適化、コスト削減などの効果が期待できます。

◇ 建設分野のデジタルツイン

建設 DX におけるデジタルツインでは、BIM による 3 次元モデル、建材・設備の製品情報、構造物の状況を伝えるセンサーの情報によって、現実の構造物を仮想空間に再現します。そして、設計内容や今後の工程によって現実の構造物がどうなるかを予測して、現実空間の工程を最適化させます。

仮想空間では、現実空間では見えにくい部分を可視化したり、費用面や時間的制約から現実空間では事前に試すことができないアイデアを試行することができます。

例えば、構造を変えたらどのような変化が起きるかという**シミュレーション***を行うことができます。そして、その結果を現実空間に適用したり、候補を絞って現実空間で検証することができます。建設業のデジタルツインにより、設計・施工・維持管理の各工程における効率的な工程設計や現場の安全性向上、生産性向上を図ることができます。

デジタルツインでの検証

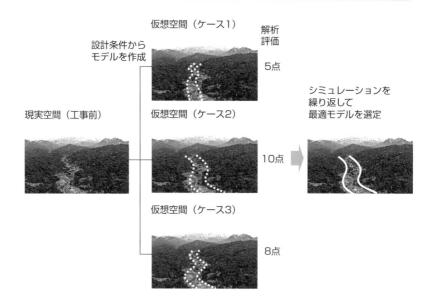

メモ 3D K-Field

　鹿島建設は建築現場の遠隔監視のために、建設現場デジタルツインである「3D K-Field」を開発している。現場に設置された様々なIoTセンサーで取得したヒト・モノ・クルマのデータを仮想空間に表示することで、リアルタイムに建設現場の状態を可視化している。

***シミュレーション**　複数の異なる条件設定に対して最適案を追求することである。例えば、施工シミュレーションでは、事前にモデル上で不整合を見つけて施工計画を変更することで、やり直しを防ぐことができる。

デジタルツインの都市計画

国土交通省はデジタルツインを活用した「国土交通データプラットフォーム」の構築を進めています。

〉都市計画におけるデジタルツイン

国土交通省が発表したこの計画はシンガポールの事例を参考にしています。

シンガポールは世界屈指の人口密度を誇り、都市開発が活発なため交通網の渋滞や建物の建設時の騒音が問題となっていました。これを解決するために、道路、ビル、住宅、公園などをすべて 3D 化して仮想空間に再現し、シミュレーションを行っています。

例えば、あるバス停が特定の時間帯に混雑するという問題を抱えている場合、試験的にいくつかダイヤを変更して様子を見た上で新ダイヤを導入します。しかし、この方法はドライバーや市民の混乱を生みます。デジタルツインの仮想空間で運行パターンをシミュレーションすれば、最も輸送効率のよいダイヤを一度で決めることができます。

道路工事を行う場合も、工事の情報や進捗状況、シミュレーション結果などを複数の官公庁で共有することができます。異なる機関が同じ場所で工事を予定している場合に、工事を同時に進めるなどの柔軟な対応が可能になりました。渋滞が最も起きにくいように通行止めの場所と時間を決めることもできます。

〉国土交通データプラットフォーム

国土交通データプラットフォームでは、国土交通省と民間などのデータによるデジタルツインの実現を目指しています。2021 年には国土交通データプラットフォームにおいて、従来の 2D 地形図に加えて 3D 地形図での表示を可能とし、3D 都市モデル（PLATEAU）とのデータ連携が拡充されました。業務の効率化やスマートシティの推進を目指しています。

3D 都市モデル（PLATEAU）では、まちづくりの DX として全国 56 都市の3D 都市モデルが整備されました。

PLATEAU は、都市を構成する建物や道路などを形状としてモデル化するだけでなく、建物、壁、屋根などの空間的な意味や、用途、構造、築年などの活動的な意味が付加されています。

Google Earth でも 3 次元で都市の状況を確認することはできますが、これは形を確認できるだけの**ジオメトリーモデル**＊です。これに対して PLATEAU は**セマンティックモデル**＊を統合しています。

例えば、屋根の情報を活用することで都市規模での太陽光発電シミュレーションが可能になり、床や歩道の情報から避難シミュレーションを行うことも可能になります。民間との連携で AR 観光ガイド、物流ドローンのフライトシミュレーション、交通シミュレーション、エリアマネジメントなどのシステムが開発されています。

建物の築年数の情報からは、倒壊の恐れのある建物を避ける避難ルートを示すことができます。建物の高さなどの寸法を持つため、ドローンの飛行ルート検討も正確に行うことができます。

PLATEAU VIEW（千代田区の高さによる塗り分け）

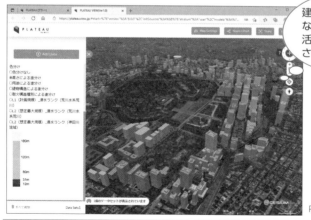

建物の形状だけでなく、空間的意味、活動的意味が付加されています。

PLATEAU VIEW（Ver1.0）

＊**ジオメトリーモデルとセマンティックモデル**　ジオメトリーとは形状や配置のことであり、セマンティックとは意味のことである。

〉 スマートシティ*の取り組み

　これらの都市モデルは PLATEAU の公式サイト（https://www.mlit.go.jp/plateau/）で公開されており、PLATEAU VIEW で見ることができます。高さや用途、水害時の浸水ランクなどを確認することができます。

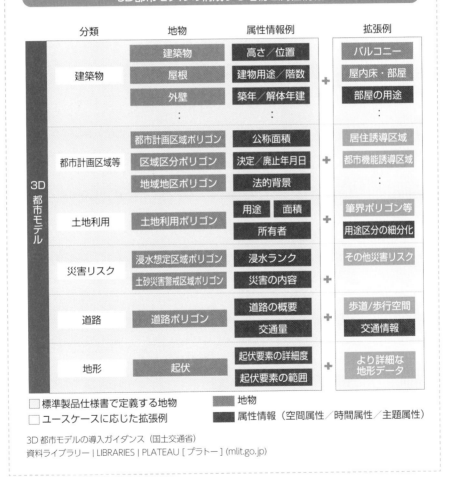

3D都市モデルの構成する地物と属性情報

3D 都市モデルの導入ガイダンス（国土交通省）
資料ライブラリー | LIBRARIES | PLATEAU [プラトー] (mlit.go.jp)

＊**スマートシティ**　ICT 技術などを活用してマネジメントされた、持続可能な都市または地域。

コラム 塗装ロボットの共同開発

　塗装工事会社の竹延は、鹿島建設と共同開発した吹付塗装ロボットを活用した工事に取り組んでいます。全自動ではなく、ロボットは広範囲な一般部分を担当し、難易度が高い部分は人が作業するという半自動化です。同社がこれまで取り組んでいた熟練工の技の数値化やマニュアル化などのノウハウを活用してロボットを開発し、作業の大幅な高速化を実現しています。同社は子会社のKMユナイテッドで職人の技術を動画で学べるサービスも提供しています。

　KMユナイテッドでは、工事現場の書類作成を行う建設アシスタントの人材派遣も事業化しています。昨今の現場監督の仕事の大半が書類業務で、それが大きな負担になっています。書類業務の負担が軽くなれば、現場監督は本来の現場管理に集中することができます。そして、残業時間の多さや休日の少なさを理由に離職していく現場監督を減らすこともできます。現場の悩みからの発想が、建設DXにつながっています。

▼塗装ロボット

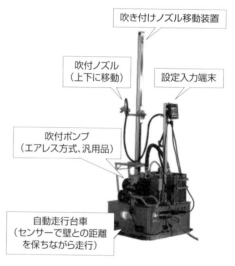

- 吹き付けノズル移動装置
- 吹付ノズル（上下に移動）
- 設定入力端末
- 吹付ポンプ（エアレス方式、汎用品）
- 自動走行台車（センサーで壁との距離を保ちながら走行）

壁面吹付塗装ロボットを実工事に初適用 | プレスリリース | 鹿島建設株式会社 (kajima.co.jp)（提供：鹿島建設（株））

⑩ シームレスな体験を提供する VR/AR/MR

VR、AR、MR の技術がシミュレーション、施工管理、点検、打ち合わせ、安全教育などの分野で活用されています。

◇ VR/AR/MR

VR*は、仮想空間を表現する技術です。HMD（ヘッドマウントディスプレイ）を頭部に装着して情報を得ることで、自分が仮想空間の中にいるかのように感じることができます。AR との違いは、現実空間の視覚情報が介入しないことです。

AR*は、拡張現実と訳されています。デバイスとソフトウェアを利用することで、現実空間の視覚情報に仮想の情報を付加することができます。

MR *は、複合現実と訳されます。AR と VR に次ぐ新世代の技術として注目を集めています。MR は AR のように現実空間に仮想の情報を付加するだけでなく、ユーザーがその仮想の情報に操作を加えることができます。VR/AR/MR を総称して XR と呼びます。

◇ 現実空間と仮想画面を複合して見るHoloLens

AR/MR グラスであるマイクロソフトの HoloLens を装着すると、半透明の仮想画面が現実空間に表示され、その状態で仮想の PC 画面の操作を行うことができます。

> **メモ ポケモン GO**
>
> 「ポケモン GO」は、位置情報を活用して、現実空間を舞台としてプレイするゲーム。AR（拡張現実）の技術はポケモン GO の登場によって一般にもよく知られるようになった。

*VR　Virtual Reality の略。
*AR　Augmented Reality の略。
*MR　Mixed Reality の略。

HoloLens では、現場に構造物の BIM/CIM モデルを実寸大で重ねて表示し、施工中の構造物と設計が一致しているかどうかを確認したり、BIM/CIM モデルから部材の取り付け位置を構造物上に重ねて表示させ、現場で実際の計測を行わずに「墨出し」をすることができます。

　構造物の点検では、発見したひび割れの位置をなぞるだけで仮想画面上に記録されます。ひび割れの幅やコメント、実際の画像も一緒に記録することができ、現場の生産性が大きく改善します。

VR・AR・MR

	VR（仮想現実）	AR（拡張現実）	MR（複合現実）
技術	仮想空間に入り込み、リアルに近い体験ができる	現実空間にデジタル情報を出現させることで、現実の世界を拡張する	現実空間に仮想空間を出現させ、仮想のものに近付いたり、デジタルコンテンツを直接操作できる
メリット	・体験がシェアされやすい ・教育ツール、疑似体験で活用	ポケモン GO のようにスマートフォンで誰でも手軽に体験できる	同じ MR 空間を複数の人間がリアルタイムで同時に体験できる
デバイス	・HMD（ヘッドマウントディスプレイ）	・スマートフォン ・タブレット ・AR ／スマートグラス	・HMD（ヘッドマウントディスプレイ） ・スマートフォン

現実空間に仮想空間の情報を表示

(11) 設計をそのまま形にする 3Dプリンタ

3Dプリンタが身近な道具になってきました。巨大な3Dプリンタを使った構造物の生産が始まっています。

◇ 3Dプリンタの可能性

通常のプリンタが紙に平面的に印刷するのに対して、**3Dプリンタ**は、3Dデータをもとに立体を造形します。

3Dプリンタで部材を作ったり、建物を建てることができれば、これまで工場や建設現場で行われていた「切る」「削る」といった作業がなくなります。つまり、廃棄する材料が発生せず、工場から施工現場に運び込む材料の種類も大幅に減らすことができます。

低コストで短納期、安全で環境への負荷も少なく、そして運搬と施工管理の問題も解決する可能性があります。災害時の仮設住宅建設や開発途上国の居住問題を解決する方法としても有望です。

◇ 建設用3Dプリンタの実用化

世界各国で、3Dプリンタにより住宅などの実物の構造物を造る取り組みが行われています。日本でも大手建設会社を中心に研究開発が進んでいます。大成建設は建設用3DプリンタT-3DP® (Taisei-3D Printing) で製作した部材4つをPC鋼材で接合して"橋"を製作しています。

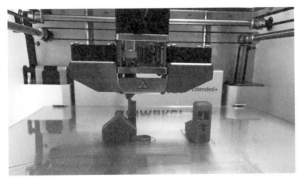

◀3Dプリンタ

3D プリンタを使うことにより、装置や使用材料のコスト削減、作業者の人員削減ができて、生産性向上につながる可能性があります。

また、従来はコンピュータ上で理想の構造形状を検討しても、既存の建築材料や工法では実現不可能な場合がありました。3D プリンタではデータさえあれば製作することができます。気に入った建物のデータを取り込んで簡単に印刷して建築する、という時代が近付いています。

建設用 3D プリンタにはアーム型とガントリー型があります。アーム型はロボットアームの形です。本体を移動させないで印刷できる範囲は狭いですが、本体を移動させれば印刷範囲を広げることができます。ガントリー型は印刷範囲がフレームの中に限定され、移動や設置が難しいという特徴があります。

◇ 建設用3Dプリンタでの受注生産

クラボウは、フランスのスタートアップ企業 XtreeE（エクストリー）社製のアーム型 3D プリンタを導入し、セメント系材料を用いた小型〜中型の立体造形物の受注生産を開始しました。1,500mm（幅）× 200mm（奥行き）× 300mm（高さ）の大きさであれば約 30 分で成形でき、最大で 2,500mm の大きさまで成形できます。同社が建材メーカーとして培ってきたノウハウを活かすことで、高く積層しても形状が崩れない材料配合を開発しています。

◇ 3Dプリンタ住宅の販売

セレンディスクは 2022 年に、3D プリンタで建てた住宅スフィアの販売を始めます。この建物は、コンクリートで外壁や床を構成する床面積 $10m^2$ 以下を予定しています。建物を球体の形状にすることで構造を強くしていて、建築作業は 3 日間で完了します。防火・準防火地域以外であり、都市計画区域以外で増築する場合は建築確認が不要です。費用は 300 万円の予定で、コロナ禍での在宅勤務需要にも適しています。

建設業DXの技術

12 建設機械の自動制御

IT や GPS 技術の進化により、かつての情報化施工が ICT 施工として進化し、急速に広がっています。

◇ ICT施工

1980 年代に製造業のロボット導入に触発され、情報化施工の研究が進められました。一部の災害現場での活用事例はありましたが、建設現場に必要な位置特定技術や移動体の制御技術などが十分でなく、その後、広く活用されることはありませんでした。

現在ではドローンや GPS など、測量技術や計測技術の進歩によって制御レベルが向上し、i-Construction の後押しもあって、大規模現場を中心に ICT 施工の導入が始まっています。

◇ 人がメインでITがサポート

ICT 施工の目的は、工期短縮と品質向上にあります。3 次元設計データや位置情報システムによって、設計どおりの出来形になるようにブルドーザーの排土板をコントロールすることができるため、オペレーターは、ブルドーザーを前進・後進させるだけで工事を行うことが可能です。

通常は、敷均しと検測を何度も繰り返しながら作業を行いますが、自動測定で制御されるため、大幅な合理化が実現します。熟練オペレーターの不足を補う技術としても有効です。夜間作業も可能になり、丁張りも不要です。GPS で転圧機械の位置や軌跡を計測することで、転圧回数を管理して締め固め作業をコントロールし、過不足のない高精度の施工が可能になります。

ICT 施工では、施工しながら計測ができるので、工事途中での手直しが減り、記録された施工データが品質の証明にもなります。施工データをもとに品質が管理されることで、発注者の検査も合理化されます。高い精度での施工が実現することで、建設コストの低減につながります。

無人ダンプトラック▶

小松製作所 HP より (https://www.komatsu.jp/ja)

メモ　AI（人工知能）の活用

　現在は AI 技術の発展途上期である。将来、AI で何ができるようになるかはまだ見えておらず、社会の隅々まで浸透していくと、人間の代わりに意思決定をすることが増えると予想される。その場合の判断の責任は誰が負うのか、というリスクが懸念されている。「何が AI で、何が AI でないのか」の定義も議論されている段階である。

13 熟練技術者に代わるAIの判断

建設業DXの技術

カメラやセンサーと AI を用いた点検システムの開発が進んでいます。

◇ 見えないひび割れも発見

トンネルや橋は、車の走行による振動や、温度・湿度の変化によってひび割れが生じます。しかし、目視検査や打音検査では多大な労力がかかりますし、高所での作業や交通車両と近接する危険もあります。作業環境が悪い場合は見落としの可能性も高くなります。

そこで、AI を使った検査が実用化されています。トンネルの点検では、専用カメラを載せた車を時速 20 〜 30㎞で走らせながら天井などを撮影し、AI で画像を分析してひび割れの状態を調べることができます。20 m 離れた場所から 0.2mm の傷を検知する能力があります。

◇ AIによる意思決定サポート

点検・診断においては「熟練技術者の技術を学習した AI の開発が進んでいます。技術者が過去に行った診断事例データをもとに、AI が判断を行います。

ドローンや作業者が撮影した画像を AI が読み取って損傷の兆候を見つけ出し、今後の状態の変化を予測して、補修の必要性や緊急性、対処方法を判断します。

気象予報から降水量を予測して豪雨時にダムの洪水調整を行う仕組みも、運用が始まっています。

竹中工務店では構造設計に AI を活用しています。ベテランの経験を AI で補って、過去の設計データベースから、進行中の案件と似た事例を簡単に引き出します。そして、構造計算をする前に、意匠設計に必要な柱・梁の仮定断面を推定します。AI が構造設計者の意思決定をサポートしています。AI が熟練技術者に代わる時代が近付いています。

AI にできることは AI に任せ、熟練技術者は将来像を描いて課題を見つけ、そして解決策を考えて実行することがより強く求められるようになります。

AIの判断

AIが熟練技術者の技術を学習して判断します。

画像解析によるひび割れ自動検出技術

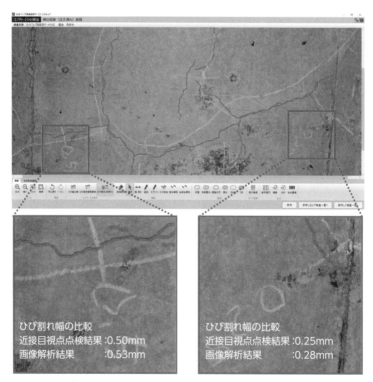

ひび割れ幅の比較
近接目視点点検結果 :0.50mm
画像解析結果 :0.53mm

ひび割れ幅の比較
近接目視点点検結果 :0.25mm
画像解析結果 :0.28mm

画像解析によるひび割れ自動検出技術 | ソリューション／テクノロジー | 大林組 (提供：大林組)

体への負担を軽減するパワーアシストスーツ

建設施工現場の人力作業にパワーアシストスーツを活用し、生産性向上や苦渋作業・危険作業の削減につなげることが期待されています。

◆ 建設現場の作業

　建設工事現場は、3K といわれるようにキツイ、キタナイ、危険な作業があります。現場では大量の材料を使うため、材料を手に持って運ぶことも多く、鉄製やコンクリート、自然石など、重たい材料を使うことも少なくありません。さらに、長いものや幅広のもの、形が不揃いのため持ちにくいものがあります。現場が狭いことや足元が悪いこともあり、持ち運びが容易ではありません。また、作業の内容よっては、長時間中腰で作業をすることもあります。

　これらの作業はきついだけでなく、腰や膝、手首などに負荷がかかるため、腰や手首を痛めるなどのけがにもつながります。疲労が蓄積すると思考力が低下して作業時の危険性も高まります。年齢を重ねると筋肉が衰え、いままで持ち運びができていたものを運ぶことが困難になる場合もあります。このような作業が、若手の入職が少なく定着しにくい要因にもなっています。

◆ パワーアシストスーツ

　パワーアシストスーツは、人が装着することで動作や姿勢へのアシストが得られる装置です。衣服や外骨格の型で、介護やリハビリ、農業、軍事防衛の分野などでも使われています。**パワードスーツ**とも呼ばれます。

　パワーアシストスーツを活用することで関節や筋肉の負荷が減るため、重量物を軽々と持てるようになり、けがの防止にもつながります。

　パワーアシストスーツには、モーターなどの動力を利用してアシスト力を出すパワー型と、バネのような機構で人の動作を利用してアシスト力を出すパッシブ型があります。

パワー型はアシスト力が大きいのが特徴ですが、バッテリーなどを利用するため重くなりやすく、メンテナンスの手間がかかる場合もあります。パッシブ型はアシスト力が電動タイプに比べ低くなりますが、取り扱いが簡単で軽量です。

◆ 国土交通省の公募事業

国土交通省は、建設現場でのパワーアシストスーツの活用を促進するため、建設現場の生産性向上の技術検証を2021年11月に開始しました。それに先立ち、導入効果が期待できる建設作業の9工種、災害対応の1工種で、技術検証に参加するパワーアシストスーツを公募していました。

対象となる技術は、負荷が大きい人力作業において疲労軽減が見込める技術や、屋外、雨天などでも使用が可能な技術などです。実際の重量物運搬作業等において、作業性や疲労感などの検証を行います。

パワーアシストスーツの活用によって作業のキツイをなくし、労働環境を向上させることが期待されています。

活用が期待される建設作業の例

具体的な建設作業の例		助力を期待する部位または姿勢 （◎：最も期待、○：期待）				
	作業例	腰	腕	脚	手	作業・姿勢
建設施工（平時）	(1) かご工（詰石）	◎	○		○	中腰・しゃがみ
	(2) 鉄筋組工	◎	○		○	中腰・しゃがみ
	(3) 張芝工	◎	○		○	中腰・しゃがみ
	(4) ブロック敷設	◎	○			持ち上げ
	(5) プレキャストL形側溝据付	◎	○			持ち上げ
	(6) コンクリートブロック設置	◎	○			持ち上げ
	(7) 法面石材敷設	◎	○			持ち上げ
	(8) コンクリート打設	○	◎	○	○	持ち上げ・下げ
	(9) 地質調査・ボーリング	○	◎	○	○	持ち上げ・下げ
災害	(10) 排水ポンプ設営	◎	○	○		持ち上げ・下げ

建設施工におけるパワーアシストスーツ技術公募【公募要領】（国土交通省）を加工

15 モノに触れている感触を伝える ハプティクス

ハプティクス技術を使って、遠隔やロボットでも微妙な力加減をコントロールすることができます。

◇ ハプティクス技術

　建設現場の作業には、モルタルの硬さや重さをコテで感じながら建築物に塗る左官作業など、視覚に加えて力触覚を用いる作業も多くあります。力触覚とは、触れた物の硬さや柔らかさを伝える、力と位置変化に関する感覚です。このような微妙な力のコントロールが必要な作業を遠隔操作や自動化で行うには、力触覚を再現することが重要になります。この力触覚を伝えるのが、リアルハプティクスです。

　ハプティクスとは、実際にモノに触れているような感触をフィードバックする技術で、触覚技術とも呼ばれます。ゲーム機やスマホ、タッチパネル、各種のコントローラーなど、人が触れるものを振動させたり接触の状態を変化させることで触覚をフィードバックさせるものが増えています。

　そして、リアルハプティクスは、現実の物体や周辺環境との接触情報を双方向で通信し、力触覚を再現する技術です。触れた物の硬さや柔らかさを伝えることができるため、風船のような弾力性の触覚を遠隔にいる操作者に再現することができます。微妙なコントロールが可能になるだけでなく、触覚を検知するセンサーも少なくすることができます。

◇ 遠隔での左官作業

　大林組は慶應義塾大学と共同で、視覚情報と力触覚情報を用いて遠隔での左官作業を可能とする、建設技能作業再現システムを開発しています。このシステムは、人が操作するコテを模したハンドル装置と、現地で動作するコテを設置したアバターロボットで構成されています。操作する側は、アバターロボットから送信された映像を確認しつつ、コテの力触覚が再現されるハンドル部分を持って、実際に壁にコテを当てているような感触を感じながら作業を行うことができます。

大林組と慶應義塾大学は、油圧駆動の建設機械でも、力触覚を利用するシステムを開発しています。建設機械のアタッチメントで資材をつかんだ感触をグローブに再現させて、微妙な力加減をコントロールすることができます。

　重機の操作に慣れていない人でも感覚的に操作をすることができます。

◇ 空中ハプティクス

　コロナ禍で人々が「ものに触る」ことに対して敏感になっている中、**空中ハプティクス（超音波ハプティクス）**にも注目が集まっています。超音波を収束させることにより、実際には何もない空間にコントローラーなど形あるものに触れているかのような触感を作り出すものです。この技術を使って空中に架空のスイッチやボタンを作り出し、そして操作することができます。

リアルハプティクスを活用した重機操作

▼グローブ型のバンドを用いた検証風景

グローブ型のバンド▶

大林組の HP より
油圧駆動の建設重機で力触覚技術を利用するシステムを実証しました｜ニュース｜大林組（提供：大林組）

4 建設業DXの活用事例

変革期を迎えた建設業界では、既存のプレイヤーがビジネスプロセスの変革に取り組むだけでなく、テック企業の参入やテック企業との連携が増えています。中小企業でも使える建設DXは多くあります。

01 施工管理の遠隔化（リノベる）

画像や通信技術の発展により、距離の制約を超えた業務の遠隔化が実現しています。

◇ 施工管理をARグラスでテレワーク化

　リノベる株式会社は、リノベーションの現場で行っていた作業の5割を
テレワーク化し、パートナー工務店との連携も拡大しています。

　リノベーション物件は、既存の建物の条件が異なるため、施工現場での
タイムリーな確認・判断が必要です。そのため、設計や施工の担当者が進
捗状況や仕様の確認のために何度も現場を訪問しています。しかし、その
ための移動が本来の業務時間を圧迫し、長時間労働につながる大きな原因
となっていました。そこで、事務所のPCから職人の**ARグラス**に情報を
提供し、現場のカメラからは事務所のPCに画像を送る、という遠隔管理
が検討されました。現在は、カメラを常設し、センサーと自動判断により
現場の状況を撮影する仕組みとなっています。移動時間の削減により、設
計や施工の担当者がより付加価値の高い業務に集中できるようになりまし
た。建設DXは場所の制約を超えて生産性を向上させます。

設計者が現場を確認

現場にカメラを常
設し、センサーと
自動判断で撮影し
ます。

リノベる株式会社のプレスリリースより

メモ　VRゴーグル

　VRゴーグルは没入感を確保するために、視界を覆うゴーグル型のディスプレ
イになっている。頭や視線を動かすと、センサーやカメラが検知して映像が追従
するため、360度どこを見ても仮想現実が広がっているような感覚になる。

◇ 顧客との打ち合わせにも活用

リノべる株式会社は、半完成の部屋に AR（拡張現実）を組み合わせて設備や仕様を検討する **AR リノベ**も始めています。AR リノベは、リノべるが買取再販事業者に仕組みを提供し、購入者が利用するサービスです。

AR リノベでは、新しいキッチン、洗面化粧台、建具、内装などが設置される前の室内でタブレットをかざすと、検討中の壁やキッチンなどが実際の室内に AR 上で映し出されます。そして、キッチンや壁の色などを実際の室内で見ながら選ぶことができます。室内光などがそのまま反映されるため、実際の色味に近い状態で確認することができます。顧客は、設備自体の大きさや質感だけでなく、全体のバランスを含めた完成イメージを確認しながら設備を決めることができます。

ARリノベ

タブレットをかざすと建具や内装など、完成イメージを映し出します。

リノべる株式会社の HP より
買取再販事業者様、住宅設備・建材メーカー様向け「AR リノベ」のご案内 | リノべる株式会社 (renoveru.co.jp)

メモ AR グラス

AR グラスをかけると、視界が完全に覆われることはなく、現実空間とコンピュータによる情報が共存する。目の前の空間情報やユーザーの位置情報を収集して、現実に対応した情報を表示する機能を持っている。AR では現実空間を見ながら、現実を拡張する情報を得ることができる。AR グラスをかけて店舗に視線を向けるとその店舗の PR 情報や口コミ評価を表示させる、といったこともできる。

02 施工管理の遠隔化（大和ハウス）

大和ハウスは全国に10カ所のスマートコントロールセンターを設置して、工事の進捗管理を行います。

◇ 複数現場を遠隔管理

　　大和ハウスは、施工現場を遠隔管理する仕組みを構築しています。複数の施工現場や作業員のデータを施工現場に設置されたカメラやセンサーなどから収集し、**スマートコントロールセンター**のモニターで一元管理します。

　　施工現場では、現場監督者や作業者がスマホやタブレットで情報を共有することで、スムーズなコミュニケーションと作業効率の向上につなげています。

　　現場の映像はAIで分析して改善を行い生産性を向上させます。工事の進捗管理では、掘削やコンクリートの打設など工程の進捗状況を確認し、工場での部材生産や物流倉庫からの部材輸送などの工程を最適化します。安全面では、作業員や建機、部材などの位置情報をチェックして、建機による巻き込み事故や部材の落下事故などの危険を事前検知します。

　　また、NECの「建設現場顔認証 for グリーンサイト＊」と連携し、作業員の入場実績と体温・血圧等の**バイタルデータ**＊を組み合わせることで、作業員の健康管理・安全性向上にも取り組んでいます。

　　大和ハウスでは、遠隔管理の対象を戸建住宅だけでなく店舗や物流施設などの大型施設の施工現場まで拡大することで、現場監督者の作業効率の3割向上を目指しています。

◇ ビデオチャットの活用

　　現場の管理者は安全や品質、工程の管理だけでなく、書類作成などにも多くの時間を費やします。現場からの問い合わせへの対応が遅れ、作業者が指示待ちとなり時間のロスが発生することもあります。

※「グリーンサイト」は、株式会社MCデータプラスの登録商標。
＊**バイタルデータ**　バイタルデータとは、人体から取得できる生体情報のこと。具体的には、脈拍、血圧、体温などである。

　そこで、大和ハウスは、確認待ち時間の短縮を目的としたアプリCONNETを活用しています。機能の1つであるビデオチャットでは、最大4人で同時に会話することができ、ユーザー同士が離れた場所にいてもリアルタイムで現場の状況を共有できます。録音や録画にも対応しているので、通話内容を記録として残すことも可能です。判断待ちの時間削減や作業の効率化につながります。

スマートコントロールセンターによる工事管理の将来イメージ

施工現場のデジタル化により、現場監督者や作業員の業務効率や安全性の向上を実現

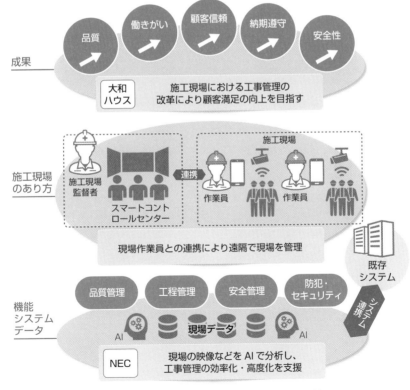

大和ハウス工業とNEC、施工現場のデジタル化で協業 現場遠隔管理の実証実験を開始
大和ハウス工業のリリース | 会社情報 About Us| 大和ハウスグループ（daiwahouse.com）

立会検査の遠隔臨場(関東地方整備局)

関東地方整備局では、2020（令和2）年度より建設現場の遠隔臨場の試行に取り組んでいます。

◇ 働き方改革に寄与する遠隔臨場

　　遠隔臨場とは、動画撮影用のウェアラブルカメラなどにより撮影した現場の映像と音声をWeb会議システムで共有するかたちで、「段階確認」「材料確認」と「立会い」を行うものです。これまでの段階確認・材料確認は受発注者が現場での立会いにより行っていましたが、ウェアラブルカメラを活用したリモートでの現場確認を試行しています。

　　移動時間の削減や立会いの調整時間の削減、新型コロナウイルスの感染拡大防止、建設現場の働き方改革、生産性の向上が期待されています。遠隔臨場に使用する動画撮影用のカメラの機器は受注者が準備します。

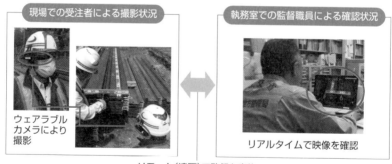

遠隔臨場

移動時間の削減や立会いの調整時間の削減➡建設現場の働き方改革、生産性の向上

現場での受注者による撮影状況　　執務室での監督職員による確認状況

ウェアラブルカメラにより撮影

リアルタイムで映像を確認

リモート（遠隔）で監督を実施

令和3年度関東地方整備局における建設現場の遠隔臨場の試行方針（国土交通省関東地方整備局）
000803058.pdf (mlit.go.jp)

◇ 遠隔臨場システムGリポート

　　エコモットが2020年7月に発売した**遠隔臨場システムGリポート**は、遠隔臨場に特化したハンディ型モバイルコミュニケーションツールです。

オンライン会議のように現場の立会検査を行うことができるため、現場への移動のムダをなくし、その時間を他の業務に使うことができます。

2021(令和3)年3月改定の国土交通省策定「建設現場の遠隔臨場に関する試行要領(案)」に示された仕様を満たしており、現場と隔地の円滑な相互コミュニケーションを実現します。

Gリポートアプリをインストールした Android スマートフォン、**3軸ジンバル**、ワイヤレスヘッドセットは、すべての重量を合わせても 500g 程度で、持ち歩きも負担になりません。現場をカメラで写しながら、立会検査をオンラインで行う遠隔臨場や社内検査を手軽に行うことができます。検査を行う側には、インターネットに接続されたパソコンやタブレット端末を使います。

発注者側からの遠隔操作でカメラのズームを変えることができるため、現場の担当者に声で指示することなく気になる部分を確認することができます。品質管理の社内検査や現場の安全チェックにも活用できます。生コン工場に導入し、強度試験の立会い確認に活用する会社もあります。

現場検査の状況

鉄筋にスケールを当てたところを映して、次に法面の方に移動してください

発注者の指示どおりに現場でチェックを行います

メモ 3軸ジンバル

ジンバルとは、1つの軸を中心として物体を回転させる回転台であり、カメラ等で使用される場合は、回転台付きのグリップを意味する。3軸ジンバルを使うことで、上下、左右、回転の3方向のブレを低減し、撮影者が動いてもカメラを一定の向きに保つことができる。揺れや傾きの少ない映像を撮ることができる。

04 建設機械の遠隔操作
（竹中工務店＋鹿島建設）

建機オペレーターへの身体的負担の軽減や作業環境の改善など、働き方改革に向けた取り組みが進んでいます。

◇ ゼネコンの共同開発

　　ゼネコン各社では、施工ロボットやIoTを活用した施工支援ツールの開発を進めています。しかし、実際に使用するのはゼネコンの社員ではなく協力会社です。協力会社側にとっては、それぞれのゼネコンでツールの操作方法が異なると習得が負担になります。またゼネコン各社にとっても、個別に同じような施工ロボットを開発すると負担が大きく、コストの面で現場への普及を妨げることになります。そこで、ゼネコン各社が共同での開発を始めています。

　　竹中工務店と**鹿島建設**は、建設業界全体の生産性および魅力の向上に向け、ロボット施工・IoT分野における基本合意書を締結し、2019年12月から技術連携を進めています。両社は、**「建設RXプロジェクト」**を立ち上げ、すでに開発済みの技術についての相互利用も始めています。

◇ タワークレーンの遠隔操作

　　竹中工務店と鹿島建設は、アクティオ、カナモトと共同で、遠隔でタワークレーンを操作できる「TawaRemo」を開発しました。

　　タワークレーンのオペレーターは、作業時にはタワークレーン頂部に設置された運転席まで最大約50mを、梯子を使って昇降する必要があります。さらに、いったん席に着くと作業開始から終了まで、高所の運転席に1日中拘束されます。

　　「TawaRemo」では地上にコックピットを配置することで、梯子を昇らずにタワークレーンの操作ができるようになりました。

　　タワークレーンの運転席に設置された複数台のカメラが撮影した映像が地上のコックピットに送信され、モニター画面に映し出されます。荷重などの動作信号や異常を表示する専用モニターも配置されています。さらに、

タワークレーン側に設置された**ジャイロセンサー***により、コックピット側で実際のタワークレーンの振動、揺れを体感することもできます。タワークレーンの運転席上での操作と同等の環境が再現されます。

　同一箇所に複数のコックピットを配置すれば、多数の若手オペレーターに対する熟練オペレーターからの指導・教育も行うことができます。熟練者から若手への技術伝承を効率よく行うことができます。

◇ 機種を問わない遠隔操作

　東京大学発スタートアップの ARAV は、油圧ショベルをリアルタイムに遠隔操作するシステムを事業化しています。このシステムは、メーカー、機種を問わずに既存の建設機械に後付けできることが特徴です。

　インターネットに接続したパソコンやスマホから重機を遠隔操作することができ、新型コロナウイルス感染拡大防止を目的とした建設現場のテレワーク化にも対応できます。子育て、介護をしながら在宅でスマホを使って仕事をすることができます。

　ICT 建機の導入が難しい現場でも、既存の重機・建機に後付けで設置することができるため、建設現場を変える DX として今後の普及が期待されています。現在、建機レンタル会社などを中心に全国から引き合いが来ています。

◇ 遠隔操作の作業効率

　建設機械の遠隔操作は、現在でも様々な災害現場で利用されています。しかし、Wi-Fi による遠隔操作では、距離が長くなると遅延が大きくなったり映像の解像度が低下するなどの課題があります。現場での搭乗操作と比べ、遠隔操作では作業時間が 1.5 ～ 2.0 倍になるともいわれています。この課題については、5G の普及による改善が期待されています。搭乗操作と遠隔操作の作業効率を同程度にすることが目標です。

***ジャイロセンサー**　ジャイロセンサーは、物の動きを検知して、その動きを表示したり、補正したり、動きに合せて別動作をさせたりする目的で使われる。動きを検知する慣性センサーの代表として、加速度センサーがよく知られているが、ジャイロセンサーは加速度センサーでは反応しない回転の動きを測定することができる。

ゼネコンの協力

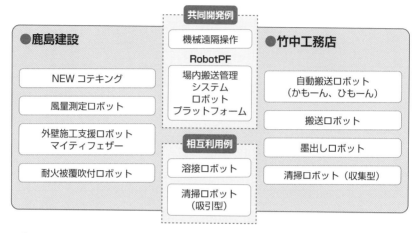

共同開発例

| 機械遠隔操作 |
| **RobotPF** |
| 場内搬送管理システムロボットプラットフォーム |

鹿島建設

| NEW コテキング |
| 風量測定ロボット |
| 外壁施工支援ロボットマイティフェザー |
| 耐火被覆吹付ロボット |

竹中工務店

| 自動搬送ロボット（かもーん、ひもーん） |
| 搬送ロボット |
| 墨出しロボット |
| 清掃ロボット（収集型） |

相互利用例

| 溶接ロボット |
| 清掃ロボット（吸引型） |

ロボット施工・IoT 分野における技術連携について｜プレスリリース 2020｜情報一覧｜株式会社 竹中工務店 (takenaka.co.jp) を参考に作成

タワークレーンの遠隔操作

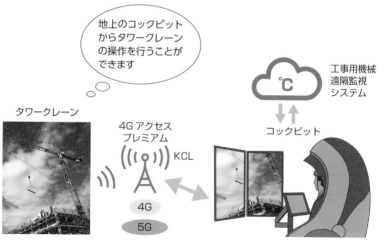

地上のコックピットからタワークレーンの操作を行うことができます

工事用機械遠隔監視システム

タワークレーン

4G アクセスプレミアム

KCL

コックピット

4G

5G

タワークレーン遠隔操作システム「TawaRemo」を開発｜プレスリリース 2020｜情報一覧｜竹中工務店 (takenaka.co.jp) を参考に作成

メモ コロナ禍が生んだ遠隔操作工事の需要

　使用頻度が少ない、稼働時間が短い重機ほど、オペレーターが現地に行く必要がないので遠隔操作の価値がある。一方で、システムが高価であることから中小の建設会社への普及は簡単ではない。

 建設業界のマッチングプラットフォーム

　建設業界では人手不足が大きな課題となっています。

〉出会いの場を提供

　建設業は、元請けを頂点に各職種の下請け企業を囲い込む重層下請け構造です。建設会社が職人を探すのに苦労する一方で、職人も自分の力を活かせる、そして労働環境のよい建設会社や現場を探しています。しかし、これまでは出会う方法が限られており、現場で働く下請け工事会社や職人は人脈頼りで集めていました。

　「助太刀」は建設業界に特化したマッチングプラットフォームです。職種や居住地などを入力するだけで、おすすめの現場や建設会社を探してくれます。プロフィールや現場の情報をメールでやり取りして、条件が合えば仕事につながります。現場についてのヒアリングもしやすく、職人主体で仕事の選択ができます。条件に合った職人、建設会社と出会える確率が高まります。「助太刀」は、国土交通省が主導する「**建設キャリアアップシステム（CCUS）**」＊との連携を始めました。CCUS に加入している事業者や技能者は、アプリ上で CCUS 加入者であることが表示されます。これにより、健全な事業者・技能者であることをアピールすることができます。社員を募集する「助太刀社員」のメニューもあります。

＊**建設キャリアアップシステム（CCUS）**　技能者の就労履歴や資格情報を蓄積する業界共通のデータベースで、一般財団法人建設業振興基金が運営している。蓄積された実績をもとに、技能者はキャリアに応じた処遇を受けることができ、事業者の客観的な評価にもつながる。建設業界全体での普及が図られている。

建設業DXの活用事例

現場でのロボット活用
（竹中工務店＋鹿島建設、大成建設）

四足歩行ロボットは、階段や傾斜地でも障害物を自ら回避して歩行します。日々状況が変化する建設現場での活用に適しています。

◇ 四足歩行ロボットSpot+360°カメラ

　鹿島建設、竹中工務店、竹中土木は、ソフトバンク、ソフトバンクロボティクスの協力を得て、Boston Dynamics製の四足歩行ロボット**Spot**の建築・土木分野での活用について共同研究を始めています。

　四足歩行ロボット Spot と HoloBuilder を組み合わせて使うことで、リモートで現場の写真を撮って整理することができます。**HoloBuilder** は、VR 技術を取り入れた 360°カメラです。

　例えば、ロボットを昼休みに歩かせて撮影した写真をクラウドにアップして、午後に関係者が確認することができます。

　時期を変えて同じ場所で 360°カメラで「定点撮影」しておくと、現在の現場と過去の現場の「ビフォー・アフター」を同じアングルで比較して進捗管理に使うことができます。360°写真上で長さを計測したり施工の不具合をメモに残して、クラウドで情報共有することもできます。四足歩行ロボットは階段を上り下りすることができ、障害物を回避することもできるので、現場での撮影に適しています。

◇ 四足歩行ロボット（大成建設）

　大成建設は、Unitree 社製の四足歩行ロボットを使った建設現場における遠隔巡回システム「**T-iRemote Inspection**」を開発しました。Unitree 社製の四足歩行ロボットは Spot よりも小型軽量です。長さ 500 ～ 650mm、高さ 370 ～ 600mm、重さ 12 ～ 19kg です。

　人に代わってロボットに現場巡視をさせるためには、ロボットを容易に操縦できる仕組みが必要です。「T-iRemote Inspection」は、遠隔操作、映像撮影、双方向音声通話などの機能を備えているため、現場内での検査や安全確認などの巡視を行うことができます。

　携帯電話回線が使えない地下階や高層階でも、搭載した 360° カメラによる現場内の映像記録、定点写真撮影や工程進捗管理など、遠隔巡視が可能です。

　ロボットは LiDAR で計測した点群データをもとに、現場の簡易な平面図を自動で作成するため、操作者は遠隔地から、ディスプレイ上でロボットの位置を把握しながら操縦することができます。

　音声通話機能も備えているため、現場作業員とリアルタイムのコミュニケーションが図れます。将来的には本社・支店からの現場遠隔巡視を実現させ、さらなる生産性向上につなげることが計画されています。

　施工現場の生産性向上だけでなく、ビル管理業務、病院・介護施設の定常的な巡回・警備、老朽化施設など危険エリアへの立ち入り、といった維持管理段階の業務でも活用できる可能性があります。

大成建設が活用する四足歩行ロボット

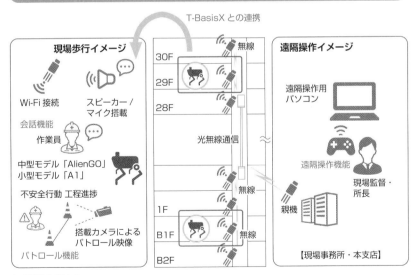

大成建設の HP から
四足歩行ロボットによる建設現場の遠隔巡視システム「T-iRemote Inspection」を開発 | 2021 年度 | 大成建設株式会社 (taisei.co.jp) より作成

建設業DXの活用事例

VRでモデルハウスを体験
（野原ホールディングス）

建物の内部を 3D スキャナでスキャンし、Web サイトや VR ゴーグルでその画像を見ることで、いつでもどこでも現実空間を疑似体験することができます。

◇ リアル展示場への誘導

　建材商社である**野原ホールディングス**は、空間 3D 撮影・住宅展示場 VR サービス「in TOWN Cloud」を提供しています。

　in TOWN Cloud は、空間の映像に建材や設備の様々な情報を組み込んで、住宅会社のセールスを支援するシステムです。建築事業者や不動産事業者が行う、企画から施工、集客、販売、維持管理までの様々なサービスで利用されることを想定しています。

　例えば 24 時間 365 日、Web 上で VR モデルハウスを見ることができますし、モデルハウス内で空間や建材を選択すると動画で詳しい説明を受けることができます。モデルハウスからは質問を投げかけることができ、閲覧者が答えることで、運営者は閲覧者の関心事を把握することができます。それを顧客情報として登録し、リアル展示場への来場予約に誘導します。

◇ 顧客の関心を事前に確認

　実際の展示場での説明時には、VR モデルハウスのどの部屋を訪れたか？どのタグをクリックしたか？　など、顧客の関心事をデータとして把握しているため、説明を効果的に行うことができます。

　これまでの住宅展示場の接客では、顧客の関心がわからないまま対応していましたが、顧客の関心を踏まえた対応を行うことで、リアルでの顧客体験価値を高めることができます。顧客の行動の分析・対策、戦略の立案に欠かせない貴重な武器となります。

　三菱地所レジデンスも多くのマンションで VR モデルルームを公開しています。

　顧客は自宅に居ながら全国各地のモデルハウスを体感することができます。建設 DX によって、モデルハウス来場者の時間と距離の制約をなくすことができます。

実空間を疑似体験

野原ホールディングス株式会社の HP から
空間 3D 撮影サービス in TOWN Cloud (into-3dscan.com)

設備を選択すると動画で説明

三菱地所レジデンスの HP を参考に作成

⓪7 現場検査を効率化するHoloLens

日本マイクロソフトのMRヘッドマウントディスプレイ「HoloLens 2」が、現場の建設プロセスを大きく変えていきます。

◇ マンションのタイルの「浮き」を検査

　MRヘッドマウントディスプレイである**HoloLens 2**を装着すると現実空間上に仮想の画面を見ることができます。その仮想の画面はマウスでクリックする代わりに、指を仮想のボタンに差し込むようにして操作することができます。用途は設計、施工、検査と様々です。

　長谷工コーポレーションとアウトソーシングテクノロジーは共同で検査アプリ「**AR 匠 RESIDENCE**」を開発し、2020年7月からHoloLens 2をグループ会社のマンション外壁タイル打診検査に使い始めました。従来、打診検査は2人1組で行い、1人が「タイル打診棒」で壁に触れ、もう1人がマンションの平面図に浮きやひび割れなどの不具合を記入して同時に写真を撮っていました。

　検査終了後に不具合箇所を図面に転記しながら写真と照合して報告書を作成するため、非常に手間がかかっていました。

　HoloLens 2を使った場合は、ディスプレイの画面を見ながら検査を行い、その場で仮想画面を操作して記録します。検査を1人で行えるだけでなく、報告書の作成も同時に自動でできます。検査業務が大きく合理化されました。

◇ 設計した建物を模型のように確認

　竹中工務店は設計業務でHoloLensを使っています。建築図面やデータは縮尺ごとに確認できる内容が異なりますが、BIMの画面だけで設計していると、実際のスケール感を見落としがちです。

　そこで、現実空間に建物の立体画像を表示し、離れた場所にいる人も含めて複数の設計者で建物の形や空間の見え方などを共有し、意見を出し合います。HoloLensを使うと仮想空間のスケールを自由に変えることができるため、細部まで確認することができます。

◇ 様々な課題を解決するHolostruction

Holostruction は小柳建設とマイクロソフトが共同開発した Hololens のアプリケーションです。MR 技術を活用して、施工現場で設計データを躯体に重ねて見たり、取り付けた設備が設計図と一致しているかを確認することができます。

AR匠RESIDENCE

準備

❶物件情報・調査図面データの登録

現場作業

❷マーカーによる位置合わせ
（建物とCGを重ね合わせる作業）

❸重畳表示
（建物と平面図の重畳）

❹タイル打診検査
（打診検査を行い、AR匠RESIDENCEで不具合箇所を記録していく）

AR匠RESIDENCE打診検査

記録項目選択画面

タイル浮き選択状況

報告書作成

❺報告書の自動作成

長谷コーポレーションの HP から加工

小規模現場の手軽な測量
OPTiM Geo Scan

手間と時間がかかっていた測量がスマホでできるようになりました。対象をスマホや
タブレットでスキャンするだけで、高精度な3次元データを取得することができます。

◇ 手軽な3次元測量

OPTiM Geo Scan は、iPhone 12 Pro や iPad Pro といったスマホや
タブレットで測量対象物をスキャンするだけで、誰でも簡単に高精度の3
次元測量を行うことができます。スマホの LiDAR センサーと位置情報を
組み合わせて、短時間で高精度な測量を行える **3次元測量アプリ**です。

GNSS レシーバーで緯度と経度を読み取ったあと、対象の場所を歩きな
がらスマホでスキャンするだけで、簡単に測量を行うことができます。

手軽なため、工事前の状況確認や日々の進捗確認にも活用することがで
きます。

一般的な UAV 写真測量の場合、基準点となる GCP（標定点）を設置・
計測し、UAV が撮影してきた写真を事務所でオルソ画像化して、そこか
ら点群をとるという手順が必要でした。これらのプロセスを経て、ようや
く3次元モデル化することができます。

Geo Scan は、手軽かつ高精度な 3D 点群計測を可能にしました。現場
で iPhone をかざして、ディスプレイ上に表示された AR 上で GNSS デバ
イスをタップしていくだけで、測量と3次元モデル化が完了します。

> **メモ** GNSS レシーバー
>
> **GNSS*** は、衛星測位システムの総称である。複数の測位衛星から時刻情報付
> きの信号を受信し、地上での現在位置を計測する。**GPS*** はアメリカが開発した
> 衛星測位システムであり、GNSS の1つとなる。レシーバーは信号の受信器で
> ある。

***GNSS**　Global Navigation Satellite System の略。
***GPS**　Global Positioning System の略。

◇ 早い、安い簡単な測量

　中小建設会社が工事を行う小規模の現場では、UAV やレーザーを使っ
た測量は、現場の規模や機材などの費用面から現実的ではないことが多く
あります。そのような現場では従来と同じように光波測量を行う場合が多
く、複数の作業者が必要です。そして「図面の確認」➡「測量機材の準備」
➡「測量」➡「丁張りの設置」と何日間も測量作業に追われる現状を楽に
したいという課題がありました。

　Geo Scan を使えば、1 人で、しかも半分の時間で測量が可能になりま
す。測量の誤差は50mm以下で、現場の進捗管理では問題ないレベルです。
Geo Scan のコンセプトである「安い、早い、誰でも簡単に」は中小建設
会社にとって非常に重要な要素です。1 現場の利用であればアプリ利用料
は、年契約（月額換算）で 81,000 円（税抜）、月契約で 109,200 円です。
GNSS レシーバーは 10 万円程度で購入することができます。

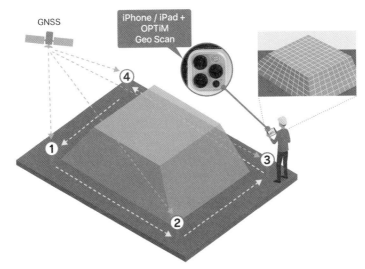

株式会社オプティムの HP より
iPhone Pro、iPad Pro を使って誰でも簡単に高精度 3 次元測量ができるアプリ、「OPTiM Geo Scan」を正式
提供開始 | OPTiM

現場調査の合理化（東洋熱工業）

東洋熱工業は、3Dスキャナで空調設備リニューアル時の現地調査を効率化しています。

◇ 設備リニューアル現場の課題

　建物施設内で既存の設備を取り替えたり新たに設備を設置したりする際には、現地調査をもとにした施工図を作成します。

　過去の施工内容が示された図面を利用できれば施工図をスムーズに作成することができますが、図面が保管されていないか、図面があっても正しい内容ではないということが多いため、必ず作業者が現地で採寸して確認します。

　現地調査は通常、手作業で行います。高いところや人が近付きにくいところは直接採寸することができないため、足場を組むといった手間と費用が発生します。また、現地調査で採寸を忘れた箇所や手作業のため計測を間違えた箇所を後日改めて現地調査し直すこともあります。

　設備工事会社の中には、計測を間違えたことに気付かず、新しい設備が取り付け場所の寸法と合わなかったり、運搬経路が狭くて搬入ができないといった失敗を経験するところもあります。

◇ 3DスキャナでBIMモデルを作成

　東洋熱工業は、3DスキャナとBIMを用いて現地調査を効率化しています。まず3Dスキャナで施設内の壁や配管などの位置情報を計測します。計測した点群データを点群処理ソフトInfiPointsに読み込み、設備や配管などを自動でCADモデル化します。このCADモデルをBIMツールRebro*に取り込んでBIMモデルを作成します。手作業で施工図を作成する場合と比べ、品質を下げることなくモデル作成の時間を半減させることができます。

　そして、手作業による採寸に比べて現場の状況を抜け漏れなく正確に把握することができます。

＊Rebro　建築設備専用CADで、作成したモデルに属性情報を入力することができる。

◇ infiPointsでの点群データ処理

InfiPoints は大規模点群処理ソフトであり、点群から作成したモデルや現場の画像を建築 / 設備 CAD ソフトに渡すことができます。大規模な点群データでも軽快に操作でき、画面上での採寸機能や平面・配管部分を自動で抽出してモデル化する機能を備えています。

自動で不要なデータを除去したり、点群を**ポリゴン***化することもできます。設備搬入時の設備と周辺の干渉チェックや、現場にいるかのような VR 体験も可能です。ドローンなどで撮影した画像から **SfM** *技術で作成された点群データにも対応しています。

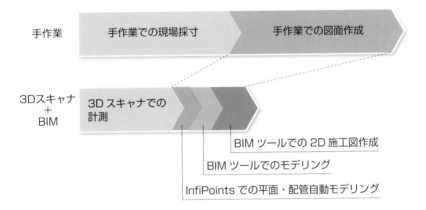

施工図作成期間の短縮化のイメージ

株式会社エリジオンの HP を参考に作成

東洋熱工業 | 導入事例 | ELYSIUM (ja) (elysium-global.com)

---

* **ポリゴン**　ポリゴン (Polygon) とは、多角形という意味で、点をつないでできた面のことである。3 点以上の頂点を結んでできた多角形データで曲面を構成する最小単位で、これによって表面形状を作る。

* **SfM**　Structure from Motion の略。ドローンによる空撮写真から 3 次元点群データを得る自動作成手法である。様々な位置 / 角度から撮影した画像を大量に用意して、写真同士の対応関係を解析することで、計測対象物の 3 次元点群データを作成する。誤差の少ない 3 次元点群データを得るためには、対象がなるべく重複するように撮影する。

BIM利用者を支援するArch-LOG

BIM を使いこなすためには、スキルを向上させたりツールを使う必要があります。

◇ BIMオブジェクトの提供

BIM は、設計モデルの中に建材やその性能などを含む各種の情報を持たせることができます。あらゆる工程でその情報を活用することで、効率的な設計・施工・維持管理につなげます。

設計者が BIM を運用するのに時間とコストがかかる理由の１つに **BIMオブジェクト**の不足があります。BIM オブジェクトとは、例えば、柱、壁、床、窓、ドアなどの３次元モデルパーツで、品番、寸法、素材、性能、価格などの情報を持つものです。ドアは開き方、窓は断熱性能など、建材によって求められる情報は異なります。

建材メーカーが BIM オブジェクトを提供していますが、データが重かったり、廃番の管理ができていなかったり、複数のソフトに対応していなかったり、適切な情報を含んでいないということがあります。

Arch-LOG は、建設に関わるあらゆるメーカーの建材製品を BIM オブジェクト化して登録しています。メーカー名や製品名、建材の種類など様々なキーワードで建材を検索すると、指定された建材の BIM オブジェクトが表示され、無料でダウンロードすることができます。建設会社や設計事務所などの BIM 担当者は、登録された建材製品を検索して BIM 設計図上にダウンロードすることで、高精細な３次元完成予想 CG を制作することが可能になります。

メモ 世界の BIM

世界的に見ても建設業界の DX は遅れているといわれており、各国で BIM 義務化に向けた動きが進んでいる。BIM がプラットフォームとしてクラウドを利用することで、世界のどこにいても共同作業を行うことが可能になる。

◇ 代表的なBIMソフト

「**Revit**」は、AutoCAD で有名な Autodesk 社の BIM ソフトです。「**ArchiCAD**」は 30 年以上前から BIM に取り組んでいる Graphisoft 社のソフトで、直感的な操作性が特徴です。「**GLOOBE**」は福井コンピュータアーキテクトが開発したソフトです。日本の設計手法や建築基準法に則った法規チェックなど、日本の建築設計に最適化された機能を備えています。

Arch-LOG　データフロー

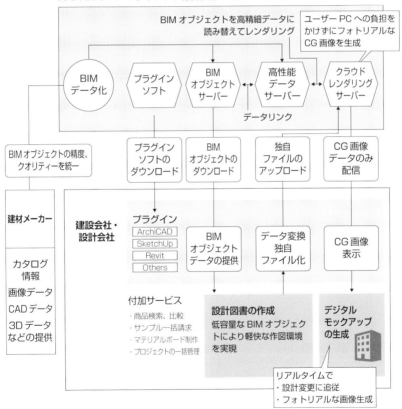

丸紅アークログ株式会社の HP を参考に作成

ジェネリックオブジェクトとメーカーオブジェクト

設計初期段階では細かい仕様まで決めることは難しいため、
標準的・汎用的なジェネリックオブジェクトを使います

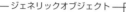 ジェネリックオブジェクト  メーカーオブジェクト

形状詳細度：100
情報詳細度：100

形状詳細度：200〜300
情報詳細度：300

形状詳細度：400
情報詳細度：400

完成図

運用

形状詳細度：200〜400
情報詳細度：500

| 企画 | 基本・実施設計 / 積算 | 契約 | 施工 | 完成・引き渡し | 運用・維持管理 |

BIM ナビの HP より加工
BIM ナビ〜 BIM の情報サイト〜 | CAD Japan.com

📝メモ BIM オブジェクト作成のメリット

建材・設備メーカーが自社商品の BIM オブジェクトを作成すると、建築設計者や施工会社がその製品を新しいプロジェクトに取り入れやすくなるため、受注数の増加につながる。

📝メモ 空観ビューワー

空観ビューワーは、IFC*に対応している BIM モデルを iPad で表示するアプリケーションである。BIM ソフトを使わなくても、ウォークスルーや視点の高さ変更、自動スクロール、タッチスクロール、レイヤー表示、属性表示、コメント作成などを行うことができる。

***IFC**　BIM モデルのデータ交換を可能にする標準的なファイル形式である。

⑪ 最先端をいく建設現場のVR/AR/MR活用

VR/AR/MR は、現実世界を拡張する技術です。日常ではありえない世界を体験したり、実際に行動する前にシミュレーションすることを可能にします。

◆ 配筋作業への活用

配筋作業では、従来は配筋図面とメジャーで鉄筋の位置を墨出しして配筋を行っていました。MR を活用すると現場に図面を重ねて表示できるため、図面レスでの作業が可能になります。MR デバイスの画像と CIM モデルを遠隔地で確認してチェックを行うこともできます。

2018 年度の「建設現場の生産性を飛躍的に向上するための革新的技術の導入・活用に関するプロジェクト」（国土交通省）では、配筋の CIM モデルに合わせて鉄筋を配置する作業が試行されました。

配筋作業の合理化

建設現場の生産性を飛躍的に向上するための革新的技術の導入・活用に関するプロジェクト試行内容（概要）の紹介（2018 年度）（国土交通省）より加工
001259526.pdf (mlit.go.jp)

◇ 立体映像を使った打ち合わせ

　小柳建設は、Holostruction を使った打ち合わせを、国土交通省発注の工事で実践しています。**Holostruction** は、ＭＲ技術を使うことで、現実の空間に３次元の構造物のモデルや工程表・図面などを映すことができます。遠隔地にいる人とも、空中に浮かぶ３次元モデルを指差しながら打ち合わせを行うことができます。移動を減らすことで、働き方を大きく変える可能性があります。

　打ち合わせでは、MR技術を使って現実空間に構造物の３次元モデルや管理データを投影します。それぞれの場所を歩き回りながら、様々な位置・角度・縮尺に調整して、遠隔地から同時に協議をすることができます。

　３次元モデルは工程と連携していて、工程表の上で工程を進めると、その時点の工事途中のモデルが表示される仕組みです。３次元モデルの周りを歩いて好きな角度からモデルを見ることも、構造物の中に入ってコンクリートの中の鉄筋の配筋状態を見ることもできます。３次元で見ることで理解が早まるだけでなく、建設的な議論にもつながります。

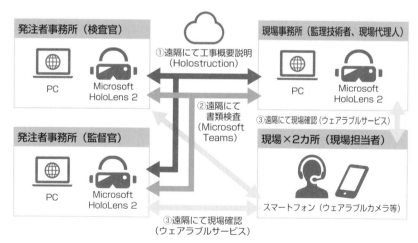

竣工検査でHolostruction を活用

小柳建設の HP を参考に作成
竣工検査を Holostruction 活用により遠隔臨場で実施！｜ニュース｜Holostruction（ホロストラクション）
(n-oyanagi.com)

◇ Holostructionのタイムスライダー機能

Holostruction では、**タイムスライダー**という時間軸のバーを動かすと、建物などができあがっていく手順を、アニメーションのように BIM モデルで見ることができます。

1週間後にはどんな部材や設備が付いているのか、今日現在の施工予定は完了しているかなど、ビジュアルで工程管理を行うことができます。

タイムスライダー機能

時間軸のバーを動かすと、高速道路ができあがっていく様子がわかる

2021年

（1月〜10月の工程表）

基礎工事【90%】
橋脚工事【50%】
高架橋工事【30%】
クレーン設置［仮設］【30%】
舗装工事
仕上げ工事

KOLC+ の HP を参考に作成

> **メモ　レンダリング**
>
> 3 次元オブジェクトや光源の情報から 3D モデルを作成する場合のように、各種の情報から画像・映像・音声を生成して 1 つのファイルとして処理すること。

◇ ARを使って建物の配置を確認（大東建託の事例）

建物を建設する前には、設計図面をもとに現地で建物の配置や躯体、設備配管などの施工位置を人が確認します。その確認や検査は、着工から完成までの工程で何回もあるため、多くの時間と人を要します。また、人的作業を原因とする間違いも起こります。

大東建託の新しいシステムでは、現場管理者がタブレットやスマホで建物や躯体の完成イメージを現地で AR を使って確認することができます。これまで、設計図面を見ながら照合していた確認・検査業務を効率的に行うことができます。品質管理の向上にもつながります。

まず、3D スキャナで近隣建物や敷地の点群データを取得して位置情報を把握します。その後、建物の情報を設計データから取り出して点群データとリンクさせます。これによって、建物や躯体の完成イメージを AR 上で確認することができます。

これまで手作業で行っていた作業をデジタル化することで、劇的な生産性の向上をもたらすことができます。

ARを使った工事途中の確認

建物の配置を確認

画面上で 3D 化された完成パースの正確な位置が表示される

金物の配置を確認

開口の位置や間柱・金物の正確な配置がスケルトンに表示される

内装の完成予想を確認

内装の状況が表示される

大東建託の HP から
業界初！3Dスキャナによる周辺点群データを活用した施工管理システムの開発｜土地活用のことなら - 大東建託 (kentaku.co.jp)（提供：大東建託）

◇ 資材の検査にも活用

　これまで、工場における鉄骨の製品検査では、担当者が手で計測して確認をしていました。鉄骨は大きく重いため、現場に運んだあとで寸法間違いがあると大きな手戻りが発生します。

　L'OCZHIT は、複合現実製作所が提供する、建築鉄骨をサポートする XR ソリューションです。HoloLens 2 を活用して、現実空間の鉄骨に BIM データを重ねて表示し、仕上がりイメージを立体的に共有することができます。

　工場で完成した鉄骨フレームと鉄骨 BIM との差を確認することで、製品検査を効率的に行うこともできます。設計された鉄骨 BIM モデルに対して、完成した鉄骨が許容誤差範囲内に収まっているかを確認します。

　実際の鉄骨に図面データを重ねて見ることができるため、製造や検査にかかる時間を短縮することができます。新人職人は 2 次元の図面を読み解くために時間がかかりますが、現物に重ねて映るため迷うことがありません。図面の読み間違いの低減にもつながります。

資材検査への活用

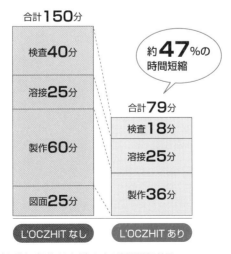

合計 **150** 分

| 検査 **40** 分 |
| 溶接 **25** 分 |
| 製作 **60** 分 |
| 図面 **25** 分 |

約 **47** %の
時間短縮

合計 **79** 分

| 検査 **18** 分 |
| 溶接 **25** 分 |
| 製作 **36** 分 |

L'OCZHIT なし　　　L'OCZHIT あり

※寄棟梁制作の経験豊富な職人（入社 30 年超）による時間計測の結果
L'OCZHIT の HP を参考に作成

12 施工管理の生産性向上(1) SPIDERPLUS

建設現場で急激な広がりを見せているのが、スマートフォンやタブレットを用いた現場情報の連携アプリです。

◇ 現場の情報伝達・管理をスムーズに

ビルやマンションなど大型の建設現場では、管理者がA1サイズの紙図面を持ち歩くことは一般的です。工事の確認を行う途中で、図面にメモを記入したり、記録写真を数百枚も撮影します。現場を巡回し終えると、現場監督は事務所に戻って写真の整理を行い報告書を作成します。

現場の図面や顧客情報、工事の進捗などを一元管理し、現場に関わるすべての人が同じアプリにアクセスすることで、コミュニケーションの強化や情報格差の解決につなげるアプリの活用が広がっています。

5GやIoT建機などの多くが実証段階、あるいは限定的な活用段階であるのに対して、このようなアプリはすでに多くの実績があります。導入の障壁も少なく、取り入れやすい建設DXです。

◇ 施工情報を共有する

「**SPIDERPLUS**」は図面管理、工事写真撮影、帳票作成を効率化するツールです。iPadで撮影した写真をそのままアップロードして工事写真として使用したり、補足情報を手書きで入力することができます。図面内距離測定などの機能も備えています。

SPIDERPLUSは図面をタブレットで持ち運び、指示を記入して関係者で共有することができます。さらに、現場での記録写真やメモをクラウド上で図面に直接紐付けることができるため、あとでの整理作業を軽減できます。電子小黒板をカスタマイズして、現場や業種ごとにテンプレートとして登録することも可能です。管理者は、1台のiPadで現場での検査からレポートの作成までをスムーズに行うことができます。

現場調査、業者への指示、定期点検、自主検査記録、残工事監理、安全管理、品質パトロールなど、建設業における様々なシーンで活用できる機能を盛り込んでいます。

利用者のアンケートによると、ユーザーの 40％以上が月 20 時間以上の業務時間の削減に成功しています。

◇ 現場管理者の仕事を楽に

建設業は多くの図面を使い、関係者とのコミュニケーションが必要な仕事です。現場管理者の業務は、現場管理・点検、資料作成、会議・打ち合わせ、書類整理が 3/4 を占めています。

これまで紙を使った情報伝達に多くの手間と時間がかかっていました。**施工管理ツール**を導入することで業務の効率化が進めば、若者離れを直接的に防ぐことにつながります。

同様のアプリには ANDPAD、eYACHO、Photoruction などがあります。

ANDPAD は、現場の写真や工程表を現場管理者と作業者が共有し、疑問点は事前にチャットでやり取りすることで、現場での打ち合わせを減らすことができます。

各案件の着工・完工・竣工日や、工程ごとの担当者などを横断的に確認することもできます。どの案件がいつ始まっていつ終わるのか、工程ごと、現場ごとの人員が足りているのか、複数の案件を把握することができます。

40 代、50 代の職人もスマホやタブレットを使用することには抵抗感がありません。多くの現場で活用されています。

施工管理ツールの主な機能

SPIDERPLUS	ANDPAD	eYACHO	Photoruction
図面、写真管理	図面、写真、工程表を一元管理	紙とペンのように書ける	図面、写真、工程表を一元管理
電子小黒板	チャットツール	自動計算	電子小黒板
報告書作成	顧客管理	音声、動画取り込み	写真の自動整理
複数現場の管理	見積作成	ToDo リスト作成	工事台帳の自動作成
サブコン（専門工事業）が主なターゲット	戸建住宅の施工管理が主なターゲット		

写真帳票作成

SPIDERPLUS の HP から
写真帳票レイアウト機能 | 図面・現場施工管理 | 工事写真 SPIDERPLUS（スパイダープラス）| 建設業・メンテナンス業向けアプリ (spider-plus.com)

図面と写真の紐付け

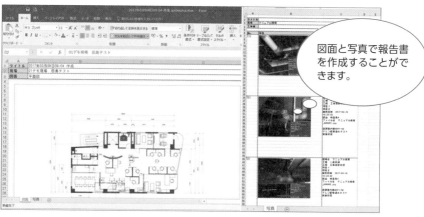

SPIDERPLUS の HP から
帳簿出力・報告書作成 | 図面・現場施工管理 | 工事写真 SPIDERPLUS（スパイダープラス）| 建設業・メンテナンス業向けアプリ (spider-plus.com)

⑬ 施工管理の生産性向上（2）eYACHO

紙の野帳と同様、手書きでタブレットに自由にメモをとることができるのが eYACHO です。PDF や写真の上にもメモや指示を書き込むことができます。

◇ 使いやすい手書きメモ、手書き入力

　eYACHO は紙の野帳と同じようにタブレットで記録できるほか、現場の担当者がその場で入力内容を変更できます。協力会社への是正指示も現場でタブレットを使って完了するため、事務所に戻ってからの書類作成が不要です。現場のすきま時間を利用してデータを入力でき、残業時間を大幅に削減することができます。

　図面に複数人が同時に書き込んで情報を共有できる「Share」機能を搭載しているため、事務所と現場など離れた場所でも、作業者間の連絡調整、上長への確認事項などがすぐに共有できます。打ち合わせもペーパーレスで行うことができます。

◇ 専門用語を手書きで簡単入力

　eYACHO は、建築・土木・設備工事の用語約 4 万語を「建設 mazec」に登録しています。漢字・ひらがな交じりで書いても正しく変換できるため、現場の作業者も入力に悩むことがありません。状況に合う語を優先して候補に表示するため、多忙な現場でも効率よく入力できます。

　さらに、メモをとりながら録音することができるため、打ち合わせや作業指示の内容をあとで振り返ることができます。メモや写真と音声が紐付いているため、メモや写真を確認すれば音声を聞くことができます。

　文字列検索が可能なため、あとでの検索もスムーズです。

　PDF 取り込みで図面や資料の持ち運びが身軽にできます。図面や資料を PDF で取り込んで、現場で確認したり、手書きでメモを書いたりできます。様々なクラウドストレージや図面管理アプリケーションとの連携も可能です。

用紙や図面（PDF）に縮尺を設定することで、現場でも手軽に簡易図面を作成できます。設備や配線、打ち合わせメモをそれぞれ別のレイヤーに作成すれば、設計レビューにも活用できます。

　現場の写真の情報をもとに、工事写真台帳を自動的に作成することも可能です。

eYACHO の HP から
デジタル野帳アプリ eYACHO | MetaMoJi

14 施工管理の生産性向上(3) Photoruction

Photoruction は、建設業の様々な業務をソフトと AI で自動化します。業務代行サービスが特徴です。

◇ シンプルな工事写真

　建設現場の技術者は、日々大量の図面や写真データの確認作業、煩雑な事務作業に追われています。そして、本質的な仕事に集中できないという悩みを抱えています。

　Photoruction は、図面や写真、工程表の管理と共有を行うことで、現場の生産性向上を実現します。工事写真の撮影では電子小黒板を利用できます。あらかじめ黒板を作成しておくだけでなく、位置情報から階や通り芯が判定されるため、現場での入力が簡単です。撮影した写真は自動で整理されます。図面には様々な注釈や写真、チェックリストを付加することができ、それらは別のバージョンとして管理されます。

　図面には、矢印や文字などの注釈に加え、メモや写真、チェックリストなどの情報も付け加えることができます。付加情報はバージョンとして管理されるため、指定された状態の図面を取り出すことができます。

　工程機能では、直感的な操作で工程表を作成してメンバーとリアルタイムで共有できます。検査機能では、検査場所ごとにタスクを設定することで検査の状況を把握することができます。

◇ 業務代行サービス

　Photoruction にデータをアップロードすると、専用のオペレーターが図面チェックや工程管理、黒板作成、書類集計などの業務を代行してくれます。作業回数が増えるとデータがたまって AI での処理に変わります。

　このサービスを利用することで報告作業にかかる時間が大幅に削減されたと評価されています。

　BIM モデルをビューワーで閲覧することもでき、調査から設計・施工・維持管理までの各工程で、3 次元の建物モデルに対して情報を付加することが可能です。

15 施工管理の生産性向上(4) CheXとi-Reporter

図面や紙帳票をモバイルで活用します。

◆ 建設ドキュメントの高速閲覧アプリCheX

　CheX（チェクロス）は図面や書類を一元管理できるアプリです。常に最新のデータを表示し、画面上で報告や確認ができるため、関係者間の情報共有がスムーズに行えるだけでなく、対面での打ち合わせのための移動時間も短縮できます。

　CADはもちろんBIMモデルの読み込みも可能であり、スクロール、拡大、縮小も高速でストレスなく操作できます。すぐに細部まで確認することができます。

　図面には手書きでの書き込みや付箋を使ったキーボードでの入力が可能です。書き込みは利用者ごとのレイヤーで管理した上で、他者の書き込みも重ねて表示することができます。管理者が図面に書き込んだ指示を見て職人が作業指示に従う、といった情報伝達の時間が大幅に短縮されます。一元管理された図面・資料は常に最新版に更新されるため、現場で図面のバージョンがずれて混乱することもありません。

◆ 報告書などの紙帳票をモバイル活用するi-Reporter

　i-Reporter（アイリポーター）は、現場で作成する報告書などの紙帳票をiPadなどに取り込んで電子帳票化するツールです。

　現場業務の合理化のため、各社は施工管理ツールを導入してデジタル化に取り組んでいます。ところが、思うように浸透しない場合があります。それは、新しい仕組みが現場にとって使いにくいからです。

　そこでi-Reporterでは、これまでExcelで作られて慣れ親しんできた帳票をそのまま取り込んで使います。現場運用をそのままシステムにして入力作業の省力化とペーパーレス化を進めるのが、i-Reporterのコンセプトです。

建設現場の実体験を活かした現場管理ツール

　図面・現場施工を管理するクラウド型アプリ「SPIDERPLUS」を提供するスパイダープラスの伊藤社長は、建設業の経営者という経歴の持ち主です。

　保湿断熱工事を請け負う伊藤工業で自ら積算作業をしていたときの疑問が、アプリ開発のきっかけです。工事図面を色鉛筆でチェックして、必要な資材と数量を書き込み、見積書を作成していました。

　この繰り返しを続けるうち、「世の中は情報革命といっているのに、建設業界はなぜこんなにアナログのままなのか」という違和感を覚えるようになりました。

　伊藤社長は、誰も作らないのなら自社で作ればいいと考えました。そして、積算システム「SPIDER」が誕生しました。この名称にしたのは、図面上に線が引かれていく様子が蜘蛛の糸のようだったからです。その後、大手空調設備会社からの助言で「タブレットで図面を見える化して現場の管理を楽にする」アプリとして誕生したのが「SPIDERPLUS」です。

　当初は売れませんでしたが、建設業界でもクラウドで作業を効率化する機運が高まるにつれ、採用が拡大しました。

　伊藤社長自身が建設現場のことを熟知しており、その知見がアプリの仕様にふんだんに盛り込まれているため、職人目線で作り込まれていると好評です。

メモ　コンテック

　コンテックとは、建設とITを組み合わせた新しい技術のことである。建設業界は、製造業などと比べてITの導入が遅れていたが、コロナ禍を機にデジタル化で生産性を高める動きが急加速している。建設業は巨大な市場であり、1つの現場でアプリが導入されると、携わった企業が他の現場でも使うため利用が広がりやすい。そこで、豊富な経験を持つ大手ゼネコンとIT技術を持つスタートアップが連携してコンテックを開発する動きが広がっている。建設DXを担うコンテックスタートアップが存在感を増している。

⑯ 手軽に導入できる電子小黒板

電子小黒板は、撮影状況を示すために工事名や工種、略図などを書いた小黒板を電子化したものです。

◇ 現場写真の課題

　工事写真は、工事の品質を確認するために不可欠な資料です。公共工事、民間工事とも撮影が求められます。

　工事写真を撮影するとき、一般的には、木製の黒板やホワイトボードに工事名や工種などをチョークやペンで書き込み、それが写真の中に入るように配置して撮影します。撮影場所ごとに黒板を作成するため、時間がかかり、持ち運びも大変です。黒板を適切な場所に設置できないときは誰かに持ってもらう必要があるなど、手間がかかります。撮影後も大量の写真の整理が大きな負担になっていました。

◇ 一人撮影と黒板作成の省力化

　電子小黒板では、撮影する画面に黒板が表示されるため、構図を確認しながら一人で工事写真を撮影することができます。

　さらに、工事名や工種、測点、略図などをデジタル情報として管理できるため、入力作業を省力化したり、複数の機器やアプリの間で転記・共有して書類の作成を効率化したりすることができます。

　文字が見やすく、雨に濡れたり擦れたりして文字が消えてしまうこともありません。

◇ 電子小黒板の認可

　国土交通省の直轄工事において、2017年2月以後に入札手続きを行う土木工事を対象に、電子小黒板の使用が認可されました。工事写真管理業務を大幅に効率化できる電子小黒板の活用が広がっています。代表的な電子小黒板には「**蔵衛門工事黒板**」があります。

　デジタルカメラが登場した直後に写真アルバムソフト「デジカメ蔵衛門」として誕生し、25年の歴史があります。建築業界のユーザーが増え、「蔵衛門工事黒板」として発展してきました。

電子小黒板

電子小黒板は画面の中で簡単に移動できます。

蔵衛門工事黒板の HP から
電子小黒板・工事写真撮影アプリ「蔵衛門工事黒板」(kuraemon.com/kokuban)

◇ 写真画像フォーマット Exif

Exif *は、日本電子工業振興協会（JEIDA）で規格化された、写真用の付加情報を含む画像ファイルフォーマットです。

工事写真は、画像の回転、明るさ調整、コントラスト調整、色補正、サイズ変更、解像度変更なとの編集は一切禁止されています。編集行為は改ざんと見なされ、指名停止の対象となることもあります。電子小黒板を使った写真では、撮影と同時に（つまり、Exif に記録された撮影日時に）撮影画像中に黒板も挿入されるので、あとから編集されたことにはなりません。

付加情報には、写真の撮影日時や撮影機器のメーカー、モデル名、シャッター速度、絞り値、ISO 感度、焦点距離、画像の更新日などの情報が含まれます。

***Exif** Exchangeable image file format の略。

スピーディーな3Dモデルの作成

BIMによる設計では、建物各部のBIMオブジェクトを一つひとつ、3次元空間に配置します。そのため、こまごましたものを大量にモデリングする作業が大変です。

〉画期的なアドオンツール「BI For ArchiCAD」

「BI For ArchiCAD」は、ArchiCADで作成したBIMデータを利用して見積書を簡単に作成できる画期的な**アドオンツール** * です。BIMモデルを短時間で作成することができます。

建設工事では、数量を出さないと金額の算出もできず、工程表も作成できません。BI For ArchiCADは、プロジェクトのなるべく早い段階で数量が簡単に算出できないか、という問題認識から開発されました。

例えば、足場をモデリングするときは、建物の周囲を選択して足場作成用のコマンドを選ぶと、足場が自動生成されて建物を囲みます。枠組足場のほか、単管足場やくさび式足場など各種の足場に対応しています。昇降階段や足場板、建物とのつなぎ、落下防止ネットなども自動生成します。型枠や断熱材、鉄筋、デッキプレート、土留め材や木造の金具まで、幅広い部材を自動生成することができます。

これらの部材を自動生成させて、あとから必要な部分だけを修正すれば、BIMモデルの作成時間を大幅に短縮させることができます。

数量が正確に入力されていれば、単価を入力すると見積書も自動で作成できます。工程を自動的に分割して、建物が建ち上がる工程シミュレーションや工程表まで作ります。BIMを使うための便利なツールです。

***アドオンツール** ソフトウェアに新たな機能を追加するためのプログラム。

17 建設業DXで実現する現場の工場化(鹿島建設)

鹿島建設は「現場の工場化」を目指して次世代建設生産システム「A⁴CSEL」を開発しています。

◇ 現場の工場化を実現

A⁴CSEL(クワッドアクセル)は、AIで多数の機械を連携させ、最も生産性の高い施工計画を立てて、その計画を自動運転で実行します。安定した品質、高い安全性、最速、低コスト、低エネルギー消費を実現しています。作業指示に基づいて建設機械が自動運転を行うため、人は作業データを送り監視するだけです。

統合管理システム「Field Browser」では、現場の見える化を実現しています。人やモノ、建設機械の位置や稼働状況を、気象・交通情報と組み合わせて表示します。気象予報を取り入れて作業計画の見直しも行います。現地に行かなくても現場事務所のモニターで、計画どおりの場所で作業が行われていることが確認でき、カメラ映像でより正確な情報も確認することができます。

建設機械や車両の過去の稼働率も確認することができ、現場をオートメーション工場のように動かします。作業者のバイタル情報もリアルタイムで表示され、体調不良者の確認ができます。

◇ 着工前仮想竣工

鹿島建設では、BIM/CIM と工程管理を連動させることにより、着工前にデジタル空間上であらゆる施工ステップをシミュレーションして最適に工事を完了させる「着工前仮想竣工」にも取り組んでいます。

着工前に着工から竣工までのシミュレーションを行って問題を洗い出し、事前に対策を行っておくことで順調に工事を進めることができます。

鹿島建設の次世代建設生産システム

自動化 | ICT | 鹿島建設株式会社 (kajima.co.jp) （提供：鹿島建設（株））

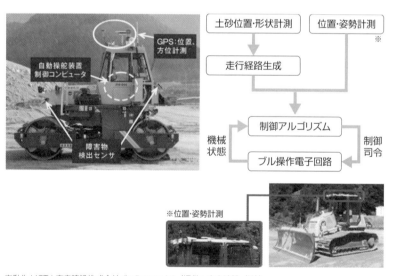

自動化 | ICT | 鹿島建設株式会社 (kajima.co.jp) （提供：鹿島建設（株））

◇ スマート生産

鹿島建設は、建築分野では「鹿島スマート生産ビジョン」を策定し、

①作業の半分はロボットと

②管理の半分は遠隔で

③すべてのプロセスをデジタルに

というコンセプトに取り組んでいます。機械との協働により生産性を高め、遠隔管理で働き方改革を実現し、デジタル化によって生産性の向上を図ります。溶接ロボットやコンクリート床仕上げロボットも活躍しています。

3D K-Field

> デジタル空間上に、資機材や人の位置情報のほか、現場内のカメラやセンサなどから得られた情報を表示し、リアルタイムに現場全体を可視化します。

（提供：鹿島建設（株））

▲現場溶接ロボット（提供：鹿島建設（株））

▲コンクリート床仕上げロボット（提供：鹿島建設（株））

メモ ## 建設技能トレーニングプログラム（建トレ）

建設業で働く職人さんに、効率よく技能を学んでもらうための研修プログラムで、無料で利用できる。職業訓練法人全国建設産業教育訓練協会が国土交通省の委託事業として実施している。https://dx.kentore.jp/

---

*ロボット　鹿島建設のHP「マニピュレータ型現場溶接ロボットを開発、実工事に初適用｜プレスリリース｜鹿島建設株式会社（kajima.co.jp）より（提供：鹿島建設（株））。

18 モーションキャプチャーで作業を分析

科学的な分析を建設作業に取り入れることで、作業効率化のヒントが得られています。

◇ 熟練作業者の動きを分析

スポーツトレーニングでは、ビデオやモーションキャプチャーによる分析を行って技術の向上を図ります。

国土交通省は、熟練者と新規入職者の作業の動きをデータで分析し、熟練者と若手の動きの違いから効率的な作業手順を見える化した映像コンテンツを作成しています。

人の動きを3Dデータ化できる**モーションキャプチャー**を活用して建設作業の技能を見える化し、効率的な作業手順を学べる映像コンテンツを作成しています。対象は、代表的な職種である、とび工、型枠大工、鉄筋工、内装工、塗装工、左官工、電気工などです。建設現場での一連の作業における、熟練者と若手作業者の骨格の動き、動線、そして視線を比較することができます。これらは、技能者向け研修プログラム「**建設技能トレーニングプログラム（建トレ）**」で公開されています。

映像コンテンツで作業のコツを伝える方式は、言葉が通じにくい外国人技能者の教育にも効果的です。

◇ 日本塗装工業会の取り組み

日本塗装工業会では、塗装作業の映像コンテンツを作成しています。

1級塗装技能士の資格を持つ熟練者の体に約30個のセンサーを装着し、周囲に設置した10台のカメラで作業の様子を撮影しました。映像およびセンサーの計測結果をもとに、技能者の動きや塗装の軌跡を仮想空間上に再現しています。塗る順番や方向なども明らかにして、正確な動作で疲れがたまりにくい塗り方を探ります。新規入職者に効率よく技能のコツを伝えることが目的です。

解析では、体格や癖によって動作のバリエーションが多岐にわたることがわかりました。熟練作業者が作業中に力を入れた場所がわかるようにしたところ、熟練した人ほど全身の力の入れ方が均一で、ハケを動かす速さが一定であることがわかりました。

◇ アイトラッキングの活用

アイトラッキングとは、人がどこをどのようにいつ見ているかを把握する技術です。言葉だけでは聞き出せない、人の無意識や無記憶、本音を探ることができます。

アイトラッキングにより、重機での法面整形などのときに熟練作業者がどこを見ているのかの分析を行い、熟練作業者の考え方やノウハウを可視化する取り組みも行われています。

若手が足元ばかりを見ているのに対し、熟練作業者は広範囲を確認して今後の作業もイメージしていることなどがわかりました。

建設現場の作業にも科学的な分析が取り入れられています。

> **熟練技能者と若手技能者の作業を分析してみよう**

● 骨格・動線・視線の比較

とび工	型枠大工	鉄筋工
内装工（仕上げ）	塗装工	左官工
電気工	機械土工	圧接技術

デジタル教材ライブラリーのメニュー（建トレのHPより）

効率的な体の動かし方がわかります。

⑲ 設計業務でのAI活用

建設業界では、大手建設会社を中心に AI の研究が次々と進められています。

◇ 建設業界でのAI活用

　AI が得意とするのは、大量のデータを学習することによる予測・推論です。建設業の業務は多くの経験とノウハウを持ったベテランの判断が求められる場面が多くあるため、AI による効果が発揮されやすい分野です。

　これまで、インフラ設備の劣化箇所の検出は目視で行い、保守作業の必要性の判断も人手によって行っていました。そこで、ディープラーニングによる画像認識技術により、画像から劣化箇所の検出および保守作業の必要性の判定を行う AI が開発されています。

◇ 設計業務でのAI活用

　竹中工務店では、設計業務に活用するためのリサーチ AI、構造計画 AI、部材設計 AI を開発しています。

　リサーチ AI は、過去の膨大な設計データを整理し、必要なときに必要なデータを取り出せるようにした AI です。現在の建設現場で参考にできる過去の事例や設計データなどを簡単に引き出すことができます。経験の少ない設計者でも有用な情報にすぐさまアクセスできます。

　構造計画 AI は、構造計算をしなくても仮定断面を自動推定してくれる AI です。仮定断面の値は、建物の階高(かいだか)や空間の広さに影響するため、意匠設計を進めるのに極めて重要です。仮定断面の算出には構造設計者の経験やセンスが必要ですが、構造計画 AI を使うと複数案を簡単に比較検討できるため、短時間で構造設計の質を高めることができます。構造計画 AI には、25 万件に及ぶ、建物の規模やスパン、柱や梁の断面サイズといった設計情報を**教師データ**＊として与えて学ばせています。

＊**教師データ**　AI の根幹である機械学習において最も代表的な学習手法が「教師あり学習」である。これは、事前に人間が用意した正解データを学習させる方法であり、AI のニューラルネットワークに対して、あらかじめ教師データが与えられる。与えられた大量のデータをもとに、ニューラルネットワークが新しい情報を分析して、結果を出力する。ただし、教師データを集める負担が大きい。

教師データを集めるには、特殊な構造をした建物を選別して学習させることも必要でした。このようにして「10階建ての角の柱の断面はこのくらい」と瞬時に見当をつけられるようになります。

　部材設計AIは、詳細設計時に行う部材の整理を支援するAIです。

　一般的な建築物では、柱がすべて同じ断面であれば施工性が高まりますが、経済性は悪くなりがちです。逆に、部材の数量やボリュームを減らそうとして柱ごとに断面を変えると、施工性が悪くなります。部材設計AIは、施工性や経済性などを満たす案を複数提示して、構造設計者の意思決定をサポートしてくれます。

　このようなAIを使うことで、時間のかかる単純作業を減らし、人が行う仕事の質を高めることができます。設計業務の業務フローが変わっていきます。

部材設計AIのイメージ

部材の種類	少ない	中	多い
↓ 施工性	良い	中	悪い
ボリューム	多い	中	少ない
↓ 経済性	悪い	中	良い
評価	−	バランスが良い	−

日経クロステックの記事を参考に作成

メモ　ディープラーニング

　ディープラーニングでは、人間の脳の神経細胞のネットワークを単純化した「ニューラルネットワーク」をコンピュータ上に幾層にも構築する。これに大量のデータを入力すると、コンピュータが自らデータの特徴を学び、未知のデータを認識・分類できるようになる。

建設業DXの活用事例

20 現場教育のDX

Tebiki 株式会社は、現場向けの動画教育プラットフォーム「tebiki」を提供しています。

◇ 動画マニュアルの活用

　建設業界では、若年人材の確保が難しく、現場経験が必要となる技術伝承が課題となっています。現場施工の技能が属人化しているため技術伝承が難しいことも課題です。

　現場施工の技能は、イメージや感覚が重要であり、現場で作業をしながら覚える **OJT** が基本です。紙のマニュアルだと伝わりにくいという問題があります。OJT においても、①現場によって異なる技術が求められるため、覚えることが多い、②同じ技術でも臨機応変な対応が必要なことがある、③教え方が定まっていない、④教える側に十分な時間がない、などの課題がありました。このため、技術伝承がうまく進んでいません。

　動画は文書に比べてヒト・モノ・機械の動きが伝わりやすいのが特徴です。現場で OJT で教わる場合と違って、現場全体の様子を俯瞰しながら作業を見ることができます。

　以前から、作業方法を動画で伝える方法はありましたが、動画の制作を外注すると費用がかかり、更新が難しいという問題がありました。

◇ 手軽に繰り返し見ることができる

　tebiki では、動画の撮影から制作までを、ユーザー企業が自社で行うことができます。現場作業者がスマートフォンなどで作業内容を撮影します。撮影中に話した言葉が音声認識システムにより自動的に字幕化されるため、あとから簡単な説明を加えて編集するだけで動画教材を制作することができます。

　若い人は短い動画に慣れているため、長い動画は好まれません。1つの作業内容を説明する動画の時間は1分程度が一般的です。

手順ごとに動画を分割して短い時間の動画を作ります。そうしておくと、内容を変更する場合も必要な部分だけを簡単に差し替えることができます。

　1分程度の動画を作るのに必要な作業時間は5〜10分程度です。100カ国以上の言語に対応した自動翻訳機能があるため、外国人向けにもそのまま使うことができます。動画で手軽に復習できるので、新人への技術伝承がスムーズになります。

◇ 動画でのコミュニケーション

　ClipLineは、動画を投稿して双方向でやり取りできるコミュニケーションツールです。一人ひとりがIDを持つことで、きめ細かい教育が実現できます。学ぶ側が実行したことを動画で報告でき、「伝わっていない」「実行できていない」をなくします。

　業務の理解を深められるようになることで、新人の定着にもつながります。連絡事項の伝達にも手軽に使えます。

　動画マニュアルは接客業や製造業などでも多く使われています。

OJTの課題

- ・指導する側の時間確保が難しい
- ・教えるための仕組みやツールが準備されていない
- ・OJTといいながら「放置」になることがある
- ・教える側のスキルによって習熟度にバラツキが出る
- ・実務を通じて学ぶため、体系的に理解しにくい
- ・教えながら仕事を進めると作業が滞る

動画の活用

㉑ 社会を支える高密度測量
（ルーチェサーチ）

ドローンによる計測はリアルタイムの段階に入っています。

◇ 地形や構造物を精密に測量

　地表や構造物の計測結果は、建設業の業務の基礎となる重要なデータとなります。ドローンによる**高密度測量**は高密度にデータを取得する測量です。その目的は、森林計測、橋梁点検支援、湛水（たんすい）シミュレーション、河川写真測量、**河川粒度分布計測**、農薬散布、植生育成状況調査、災害調査など多岐にわたります。

　ルーチェサーチは、現地に操縦者を派遣して高密度な測量から画像解析までを行っています。自社でドローン機体の設計から行っていることが特徴です。高密度測量では、高度 150m からの空撮写真のデータと撮影位置・角度を使って 3D データを取得し、得られたデータは 10mm 単位まで拡大することができます。こうして、地形や構造物を高精度にデータ化することができます。

◇ 点検の計測

　点検の計測では、通常は足場を組んで近接しないと調査できないような、ダム堤体調査、橋梁点検などに用いることで、迅速に損傷状況を把握することが可能です。撮影したデータを画像処理することで、損傷図を作成することができます。クラック、ジャンカ、うき、しみだし、はく落、はくり、遊離石灰、表面劣化などの状況がわかります。

メモ　河川粒度分布計測

　河川の土砂がどのような粒度分布であり、どのように輸送されてどこに堆積するかを計測する。河川生態系の保全や再生の観点からも重要である。

植生下の地表面計測では、樹木下に隠れた地層をレーザーにより測量することができますし、災害時には地盤の確認や落石の調査を行うことができきます。リアルタイム 3D 計測を実現しており、着陸と同時に事務所でデータを確認することができます。

◇ 飛行経験を開発に活かす

計測でドローンを飛ばす回数を重ねるとトラブルも増えます。写真による計測では樹木の下は確認することができず、橋梁の点検では鉄筋の磁気で飛行に影響が出ることもありました。同社は原因追究と解決の繰り返しでノウハウを蓄積し、機体開発や計測方法の改良に活かしています。

◇ 点群データの処理

スキャン・エックス社の「**スキャン・エックスクラウド**」は、3D 点群データを簡単に処理・解析することができます。自動クラス分類により、3D 点群データからノイズデータを削除するクリーニング作業の工数を大幅に削減しました。複数現場のデータのアップロードや編集作業を複数ユーザーが同時にオンラインで行えるため、作業効率が大幅に向上します。

国土交通省の新技術情報提供システム **NETIS** にも登録されています。

◇ 操縦士の育成

ALSOK（綜合警備保障）は、ドローンを使った橋梁点検のサービスを始めます。2025 年度までに操縦士を 100 人育成して全国の支店に配置する計画です。そして、建設現場や商業施設の警備にもドローンを活用します。多くの分野でのドローン活用が始まっています。

メモ NETIS

国土交通省が新技術に関わる情報の共有および提供を目的として整備したデータベースである。NETIS に登録された技術を活用することにより、公共工事などの工事成績評定での加点対象となる。

㉒ 建設機械の稼働分析 KOMTRAX

KOMTRAX は、建設機械の稼働状況がわかるだけでなく、故障診断や運転指導などのサービス提供にもつながっています。

◇ KOMTRAX

　コマツの **KOMTRAX**（コムトラックス）は、建設機械の稼働データを自社サーバーに集めて分析する仕組みです。1990 年代後半に日本では、盗んだ建設機械で ATM を壊して現金を持ち去る犯罪が多発していました。建設機械を輸出した海外においても、高額な建設機械の盗難被害は深刻でした。盗まれた建設機械による二次犯罪が起きると、顧客が盗難に備えて支払う保険料も高額になりました。この対策として、コマツは建設機械の稼働を管理する KOMTRAX を開発しました。

　建機に GPS を搭載して位置情報を集めるだけでなく、エンジンやポンプからも情報を集めることで、その機械が稼働しているか、燃料はどのくらい残っているか、といった情報まで取得して、コマツのデータセンターで分析する仕組みを開発したのです。

　その結果、コマツの建設機械は盗んでも使えないとなって盗難が劇的に減少し、「盗まれない建設機械」として評判になりました。顧客の保険料を下げるだけでなく、コマツは売上を伸ばすことにも成功しました。

◇ サービスの向上

　建設機械は、一般的な自動車に比べて耐久性が高く耐用年数が長いため、部品の交換が数多く発生します。危険が伴う過酷な現場で使用されているときに故障が起きると、事故につながることもありました。

　また、工事現場が人里離れた場所にあると、部品の到着までに時間がかかって工事が滞ることもありました。しかし、KOMTRAX では、車両の使用状況を把握できるため、車両ごとに稼働時間を管理して、故障する前に部品を工事現場に届けることが可能になりました。

故障した場合は、どこが故障したかなどの情報が通信衛星回線や携帯電話回線を通してコマツに送られてきます。現場から電話連絡が入るより早くKOMTRAXが故障箇所や故障の状態、必要な交換部品を知らせてくれる。その情報をもとに近くの販売代理店が純正交換部品を持って迅速に現場に駆け付ける――。そうすることで、故障やトラブルで建機が稼働できない時間が短縮され、作業効率全体が上がります。

　さらに、使われていない建機や、稼働頻度の少ない建設機械については、顧客に報告して工事現場の効率化につながる提案を行うことができるようにもなりました。このようにコマツは、KOMTRAXによって「たんに建設機械を販売するビジネス」から「建設機械の効率的な稼働を提供するビジネス」に転換することができました。故障診断や運転指導のような顧客が喜ぶサービスを提供できるようになり、世界各国での販売戦略の立案や新商品の開発にもつながっています。

◇ 経営者の決断

　当初、KOMTRAXは追加料金がかかるオプション機能でしたが、コマツは標準装備に切り替えました。標準装備にすれば自社サービスの効率化にもつながる、という経営判断をしたためです。将来を見越した判断だったといえます。この判断が、「機械」の提供から「サービス」を提供するビジネスへの転換点となりました。

　オイルや消耗品などの交換時期が予測できて故障を未然に防ぐことができれば、故障を防いでメンテナンス費用を抑えることができます。稼働状況のモニタリングで燃費向上を図り、ランニングコストを下げれば、顧客にとっても大きなメリットです。迅速な顧客対応や純正部品販売によって販売店にも高い利益をもたらします。コマツ自身も正確な需要予測とそれに基づく生産計画の策定が可能になります。現在では、世界中から集まる建設機械の膨大なデータがコマツの利益の源泉となっています。

　IoTをうまく活用してデジタルサービスへの転換を果たしており、建設DXの見本となる事例です。

360°カメラとスマホで3D-Viewを
作成する「Beamo」

　NTTビズリンクは、360°カメラとスマホで3D-Viewを作成する「Beamo」の提供を始めました。GPSが使えない室内でも、スマホの**ジャイロ機能**を使って自動的に図面上で撮影ポイントを特定することができます。

　撮影したデータをクラウドにアップすると3D-Viewを見ることができ、寸法測定も可能です。360°画像が記録されているため、何度も現場に確認に行く必要がありません。図面と写真がリンクしていてコメントも追加できるため、現場調査報告書を改めて作成する必要もありません。

　関係者とのコミュニケーションもタイムリーに、しかもスムーズになります。建築設備の保守・更新時の現場調査が大きく合理化されます。

3D-View内での距離の計測

ドローンのレベル4解禁

　2021 年 3 月に、無人航空機（ドローンなど）の「有人地帯上空での補助者なし目視外飛行」（レベル 4）を実現するための「航空法等の一部を改正する法律案」が閣議決定され、2022 年後半にはレベル 4 の飛行が可能となります。

　ドローン飛行は大きく 4 段階に分かれています。操縦者が目視でドローンを手動操縦するのはレベル 1、目視内であらかじめ設定したルートを自動で飛ぶのがレベル 2 です。これらは、飛行地域が有人か無人かを問いません。橋梁点検への活用がレベル 1、測量がレベル 2 に該当します。そして、管理者の目視外で人がいない地域を自動で飛ぶのがレベル 3 です。現在、国内ではレベル 1 ～ 3 が認められています。レベル 4 では、管理者の目視外で人が密集する地域の上空を自動で飛ぶことができます。

　レベル 4 解禁で、ドローン物流が実用化のフェーズへと進んでいくと予想されています。ドローンがますます身近な存在になっていきます。

ドローン飛行のレベル

無人航空機の飛行形態	操縦		自動・自律	
	目視内（目視外補助者ありも含む）		目視外（補助者なし）	
無人地帯（離島や山間部など）	**レベル1** 目視内での操縦飛行 空撮 橋梁点検	**レベル2** 目視内飛行 （自動 / 自律飛行） 農薬散布 土木測量	**レベル3** 無人地帯における目視外飛行 例）日本郵便（株）が福島県において、郵便局間の輸送を実施	
有人地帯			現行、飛行を認めていない **レベル4** 有人地帯における目視外飛行 例）第三者上空を飛行しての荷物輸送など	

無人航空機のレベル 4 の実現のための新たな制度の方向性について（国土交通省）を参考に作成
siryou1.pdf (kantei.go.jp)

5 成功する建設業DX
プロジェクトの進め方

まずやってみようということも大切ですが、建設DXで何を解決するのか、DXを活用するプロジェクトで何を実現するのか、という目的を決めておくことが重要です。最初から難しいことをやろうとするのではなく、できるところから取り組んでいくことが大切です。

01 建設業DXへの取り組み

企業の置かれた状況によって建設DXのレベルは様々です。建設DXを始めたいが、何をどのように始めたらよいかわからない、という企業も多くあります。

◆ 具体的に考える

建設DXへの取り組みにあたっては、DXという抽象的な言葉ではなく、より具体的に考えることが大切です。

関係者間の情報のやり取りに紙資料・図面を使っていて、情報共有に手間と時間がかかっている。現場での業務が終わったあと、見積作成や日報作成を行うために事務所に戻らなければならない。事務作業などの一部業務を在宅・テレワークでも実施できるようにしたい。現場での調査・点検を楽にしたい。

このように、何に困っているのかを具体的にします。そうすることで、どうやって解決するか、を検討することができます。

◆ 現在位置の確認

まず、自社の現状を確認します。まったく何もできていないのか、それとも一部では具体的に取り組んでいるのでしょうか。何もできていないのであれば、DXを行うための環境整備から始めます。

DXへの取り組みは2つに分けることができます。1つはDXを行うための環境整備です。もう1つが、データやデジタル技術を活用したビジネスの変革、つまりDXそのものです。DXの環境整備には、DXに取り組むという意識改革、人材採用と、IT環境の整備、デジタル化があります。その上で同業種・同規模の企業がどのようなことに取り組んでいるか、何を活用しているか、の情報収集を行います。多くの企業が使用して効果を上げているDXツールも多くあります。

デジタル化はDXとはいえないという意見もありますが、デジタル化ができていなければDXにはつながりません。これからスタートする企業にとってはデジタル化がDXの入り口となります。オンライン会議やテレワークも、初めての企業にとっては建設DXです。まずは取り組んでみることが大切です。

　2020年には新型コロナ禍により人同士の接触が難しくなり、テレワークの導入などIT活用が一気に進みました。デジタル化への関心も高まり、DX導入に取り組もうとする企業は急増しています。

　しかし、将来に向けての事業の課題が把握できていないと、部分的なデジタル化、ITツールの導入で終わってしまうので注意が必要です。

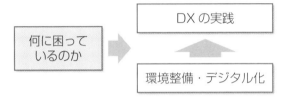

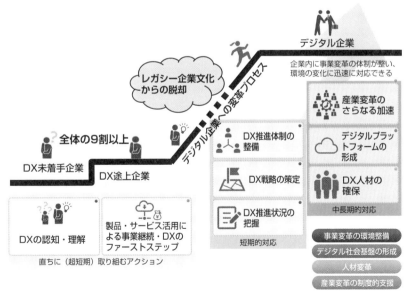

DXレポート2　中間とりまとめ（経済産業省）を参考に作成
20201228004-1.pdf (meti.go.jp)

建設業DXプロジェクトの実行手順

こんなことに困っているから——でツールに飛び付くのではなく、手順を追って考えます。

◇ 業務の手順を分析して課題を出す

まず、業務の手順を分析して現在の課題を検討します。○○に時間をとられている、○○を効率化したい、自動化したいといった課題が出てくるでしょう。それだけでなく、無駄な業務がないかも考えます。なぜこの業務を行っているのか、具体的にどのように行っているのか、を確認すると、よくわからないことが出てくることがあります。分析の途中で、目的ややり方が不明な業務が明らかになれば、まずそれを確認します。業務内容の透明性を確保することはDXに取り組む前の準備として大切です。不要になる業務が出てくることもあります。

業務の手順や課題を十分に検討せずに解決策を先に考えると、本当の問題が隠れてしまうことがあります。そうなると、解決策を導入しても効果が上がりません。したがって、まず解決策を考えるのではなく、問題や課題から考えます。課題に対する解決策はほかにもある可能性があります。

◇ 優先順位を決めて解決策を検討する

日常的な活動からデータを集め、課題が事実なのかを確認します。なんとなくそう感じている、ということに対して解決策を導入しても、効果は不透明です。課題を客観的に把握することで、解決に取り組むための優先順位を決めることができます。

解決すべき課題が明らかになったら解決策を検討します。デジタル技術の最新動向や可能性を確認し、実績のあるDXツールの導入を検討します。

人が作業することを前提とした業務プロセスから、デジタルを前提とした業務への見直しを行うことでも、生産性向上と付加価値向上が期待できます。

◇ 建設DXの導入

　導入にあたっては、現場の人が使いこなせるか、便利だと感じるかが大切です。協力会社を含めた関係者が一緒に使わないと効果が出ない場合もあります。

　DX 導入では、重点部門を見極め、小さく始めて段階的に全社的な取り組みに広げていきます。DX 推進体制を整備し、DX の認知・理解を深めることも大切です。このようにして、導入の壁、定着の壁を壊します。

　導入したら、PDCA を速く回して必要な改善を行います。

◇ 差別化のポイント

　市販の DX ツールで対応できない場合は、自分たちで独自の仕組みを作り上げることもあります。場合によってはその仕組みを外販できる可能性もあります。

　他の企業でも同様な問題を抱えているか、解決策がなくて困っているか、販売するとユーザーを増やせるか、ということを検討します。

業務内容を透明に

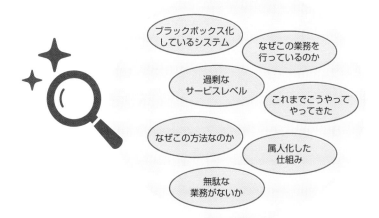

03 建設業DX導入と活用の課題

建設 DX に取り組んでも使いこなせないことがあります。

◇ 導入の抵抗を防ぐ

　デジタル技術の発達と性能の向上により、DX ツールを安価に導入することができるようになりました。しかし、他社の事例を見て、DX ツールを導入すれば生産性が上がると考え、自社の建設 DX の目的や目標が不明確なままであれば、効果は上がりません。経営者が理解して方針を示すことが大切になります。

　担当者任せにすると、忙しいことや能力不足のために進展しないこともありますし、現場の人を担当者に選ぶと仕事が増えるために嫌がることもあります。最新のデジタル技術が使える人材を育成することも必要です。

　今後の建設業界の変化を全員が認識し、自社を変革するスタートとして、担当業務だけでなく事業全体の生産性向上・改革を意識することが大切です。

　建設 DX の導入には社内からの抵抗がある場合もあります。IT の知識や経験を持っている人よりも、社内や協力会社の事情を知り、人脈が広くて信頼も厚い人、業務の課題の背景を知っている人をリーダーにすることが大切です。建設 DX を導入するメリットを、使う側の立場で現場に説明することができるからです。こうして変化への抵抗をなくします。

◇ 小さく進めて成功体験を持つ

　わからないことがあったらすぐに聞いて解決できる体制を作ることも必要です。使いこなせば効果が出る仕組みでも、最初に使いにくいと感じてしまうと使えない、面倒くさいということになりかねません。これを防ぐためにも、限定的に始めて有効性を示し、全社的な関心を持たせてから展開します。すでに使いこなしている部署があれば、相談もしやすくなります。

　協力会社にも活用してもらう場合は、そのメリットを理解してもらう必要があります。

　セキュリティ面では、侵入を防ぎ、侵入されてもデータを盗まれないようにします。新たなシステムやアプリの使用が増えると、通信環境やハードのスペックが問題になることもあります。

◇ ブラックボックス化を防ぐ

　建設DXを進めることで、業務の仕組みがわからなくなってしまうこともあるので注意が必要です。人手で行っていた業務が自働化されると、考えずに答えが出ることに慣れてしまいます。こうなると、仕事がブラックボックス化してしまい、はじめからDX環境のもとで仕事を始めた人には、裏で動いている仕組みやその理由がわからなくなる可能性があります。

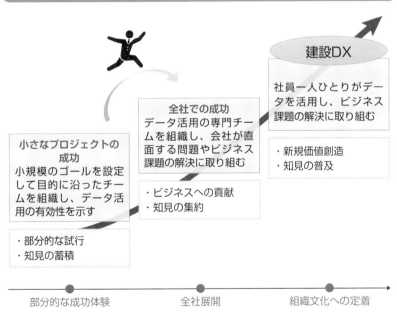

デジタルエンタープライズとデータ活用（経済産業省）を加工
20201228004-6.pdf (meti.go.jp)

04 中小建設会社の建設業DX

中小建設会社にとっても建設 DX の導入は有効です。

◇ 導入しにくい建設DXの特徴

建設会社 430 万社の 95.3％は従業員数 20 人以下の小規模企業です。このような企業の多くはデジタル化が限定的で、業務の多くを人手で行っています。建設業はアナログな文化が定着し、長年の取引慣行でデジタル化が進んでいないという特徴があります。逆にいうと、建設 DX を導入すれば大きく生産性を上げる可能性があります。

しかし、建設 DX の事例には、特殊な技術の習得を前提としていたり、大規模な現場を前提としているなど、ゼネコンをはじめとする大企業のものが多いため、中小企業としては手を出しにくいと感じています。導入したとしても DX を活用できる現場がない、先頭に立って使いこなす人材がいないなどが、導入をためらう理由として挙げられます。

GPS 信号や高速通信を使う建機の遠隔操作や自動運転は、大規模な現場に適した建設 DX です。中小建設会社の小規模現場ではメリットを発揮するのが難しくなります。

スマホアプリや PC などを使った現場情報の共有プラットフォームは、タイムリーな情報共有や現場の効率化に役立ちます。しかし、すべての業者が同じアプリにログインしなければならない、全員に IT リテラシーが求められる、という特徴があります。関係者全員の連携や IT スキルが求められるものも、導入しにくい建設 DX です。協力会社と一緒に使うツールの場合は社外の理解も必要になります。

◇ 導入しやすい建設DXの特徴

中小建設会社で導入しやすい建設 DX は、小規模な現場で効果を発揮できるもの、自社だけの導入でも効果を発揮できるもの、そして導入時の技術習得が容易なものです。小回りがきいて小さな現場にも適合し、現場の職人にも使いやすい建設 DX の導入を検討します。まずは、自社への導入で成功体験を得ることが大切です。

企業が抱える悩み

Why DXの目的がわからない

昨今では企業に
DXが必要だと
いわれているが…

DXとは何?
必要性は?

What どうすればDXになるのかわからない

最新のデジタル
技術を導入すれば
それでいいはず…

DXが目的化
指示が曖昧

課題を明確にして、
解決策を検討
⬇
導入する建設DXを決める

How DXの進め方がわからない

DXの具体的な
進め方って結局
どうすれば…

技術先行
事例ありき

デジタルトランスフォーメーションの河を渡る(経済産業省)に加筆
20201228004-5.pdf (meti.go.jp)

デジタル化推進に向けた課題

■建設業 ■全産業

60.0%
50.0%
40.0%
30.0%
20.0%
10.0%
0.0%

アナログな文化・
価値観が定着している

明確な目的・目標が
定まっていない

組織のITリテラシーが
不足している

長年の取引慣行に
妨げられている

資金不足

活用したい
ITツールがない

部門間の対立がある

その他

中小企業白書 2021(中小企業庁)より

建設業DXを支えるプラットフォーム

現場のデータを集約して分析し、次の工程の業務に活かす。これを1つの流れとして
提供するのがDXプラットフォームです。

◇ 各種のデータを連携させるプラットフォーム

　サービスやシステム、ソフトウェアを提供・カスタマイズ・運営するために必要な共通の基盤となる環境が**プラットフォーム**です。工程ごとの部分的なDXデータを全体的につなげることで、生産性を大幅に高めることができます。

　プラットフォームは建設DXの1つの模範モデルとも考えることができます。ある程度の規模の会社が対象になりますが、このとおりにやっていけば、ある一定のレベルまでは到達することができるということです。

◇ 建設現場のプラットフォーム：Landlog

　Landlog（ランドログ）は、コマツが主導する建設現場に特化した**IoTプラットフォーム**です。

　コマツは2015年から建設現場の生産性向上を目指してスマートコンストラクションに取り組んできました。設計から完成までの全プロセスを3Dでつなぎ、建設工事の生産性向上を目指しました。

　しかし、ICT建機の活用で施工スピードを上げることはできましたが、工事全体の生産性を上げるには限界がありました。調査・測量、設計、計画、施工、検査などを個別にデジタル化しても、部分最適の集合でしかありませんでした。

　建設プロセス全体を最適化するためには、重機以外の稼働データなども必要になります。そこで、企業を問わず参加できるオープンなプラットフォームを構築しました。

　Landlogでは、ドローンやレーザーで測量した点群データで地形を可視化するだけでなく、建機の稼働や人、車両、資材など建設現場に関する情報をすべて見える化します。パートナー会員には大手ゼネコン、建機メーカー、アプリのベンダー、商社や保険会社まで参加しています。Landlogを通じて保険に加入することもできます。

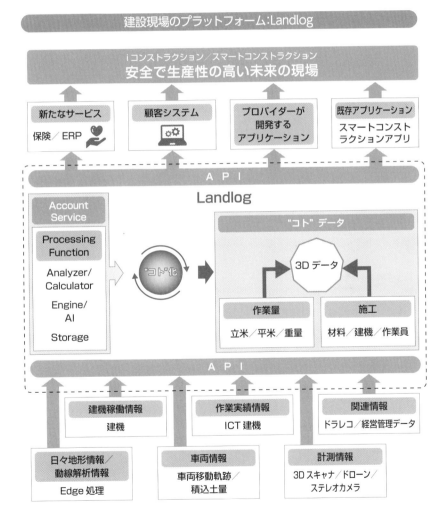

Landlog の HP を参考に作成

◇ 中規模現場への展開

　現場で使われている油圧ショベルのうち、ICT 化されているものは全体の 2%といわれています。

　大規模現場では ICT 建機を導入して採算を改善することもできますが、中小規模の現場では費用負担が大きくなります。そこで、コマツと Landlog は**レトロフィットキット**を提供しています。既存の油圧ショベルに取り付けることで ICT 建機に変えることができます。他社の建機にも取り付けることができます。

レトロフィットキット

● スマートコンストラクション・レトロフィットキット 装着前後の機能比較

	装着前	装着後
3D 設計データを利用した 3D 施工	3D 施工不可	3D 施工可能
3D 制御	不可	ガイダンス機能のみ
丁張・補助作業員	必要	削減
3D 施工履歴	取得不可	高精度 3D データ取得可能

● 基本キット主要機器概要

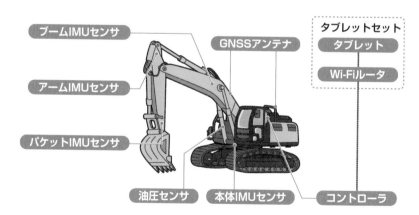

SMART CONSTRUCTION Retrofit （(株)ランドログ） を参考に作成
3D-MG_J_200825_ol (landlog.info)

デジタル化の必要性を感じたきっかけ

建設業がDXに取り組むきっかけとしては、下請けとして参加した現場で元請け建設会社から同じツールを使うように指示され、それがきっかけになることがあります。

中小企業白書の調査では、業種を問わず「経営課題の解決、経営目標の達成のため」がデジタル化の最も高い要因となっています。建設業では「取引先から要請、要望があったため」という外的な要因も高いことが示されています。多くの関係者と協力してプロジェクトを進める建設業の特徴が表れています。

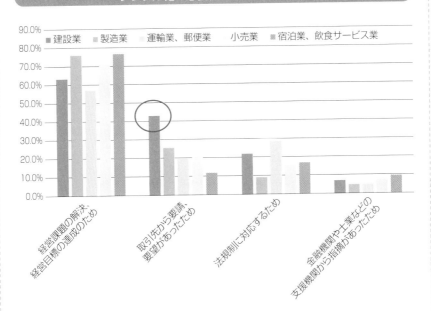

デジタル化の必要性を感じたきっかけ

中小企業白書 2021（中小企業庁）より

建設業DXを使いこなすために

建設DXを導入するときは、わからないことをすぐに聞ける体制を作っておくことが
大切です。

◆ 効果の出ない建設DXとは

　建設DXを導入しても効果が出ない、使いこなせないことがあります。
その理由としては以下が挙げられます。

①目的や目標が不明確	④経営層の理解不足
②大きな夢を持ちすぎ	⑤人材育成の不足
③不明点の自力での解決にこだわる	⑥現場の協力がない

　まずやってみようということも大切ですが、建設DXを導入して何を解
決するのか、DXを活用するプロジェクトで何を実現するのか、という目
的を決めておくことが重要です。そして、わからないことが出た場合にす
ぐに詳しい人に聞ける体制を作っておくことが大切です。また、関係先と
の情報共有をする場合は、協力を得られるようにデータ交換の方法を決め
ておくことなども必要です。新しいシステムや仕組みを使いこなすには習
得のための時間も必要であり、周りがそれを理解することも大切です。

◆ 建設DX導入の経緯

　業務の課題解決のために建設DXに取り組むわけですが、きっかけとし
ては、同業者の評判を聞いたり、同じ現場の他社が使っているのを見て便
利さを感じたりして導入する場合があります。

　元請け建設会社が建設DXに取り組んでいるため、下請けとして参加し
た現場で同じツールを使うように指示され、それがきっかけになることも
あります。

　BIM/CIMについては、2023年からの国土交通省発注工事での原則適
用開始に向けて、設計会社への導入が広がり始めています。建設会社に
おいては、企業規模や業務内容によって差がありますが、国土交通省の工
事を受注している建設会社がシステムの準備や人材育成に取り組んでいま

す。

　導入においては、機能・性能や価格を検討することはもちろんですが、時期も重要です。社内の受け入れ態勢や教育計画、具体的に活用するプロジェクトや取引先との関係も重要な要素です。建設業界は製造業と異なり他社と協力してプロジェクトを行う仕事です。独創性や他社との差別化よりも、協調性や他社との互換性が重視されます。導入にあたっては、他社の動向や建設業界での使用実績を十分に調査します。

◇ 大塚商会の建設DXサポート

　大塚商会は、総合 Web サイト CAD Japan.com で、各種ツールの特徴や価格などの情報発信を行っています。「BIM/CIM 支援プログラム」では、導入時の CAD ソフトウェアの基礎教育から BIM/CIM ソフトウェアの環境構築、実プロジェクトにおける運用支援まで行っています。

　さらに、多くの導入サポート経験から、「DX ワークショップ」のサービスも提供しています。導入する企業自身が自ら社内の問題点を洗い出して、社内の体制・組織づくりができるように、経験豊富なアドバイザーがサポートします。他社での導入事例をもとにアドバイスを受けることができます。

大塚商会のBIM/CIM導入支援

導入提案 / 教育 / 受託モデリング / 実践運用支援 / 保守サポート

CAD Japan.com （（株）大塚商会）より
BIM/CIM 導入支援 | CAD Japan.com

CAD Japan.comで紹介されている建設業向け商品分野

3次元データ活用	生産性向上	BIM
CIM	ペーパーレス	タブレット活用/クラウド
建築	住宅	設備
設計計算・解析	積算	測量
土木	GIS	計測機器

CAD Japan.com（（株）大塚商会）より加工
建設業向け製品 | 製品情報 | CAD Japan.com

大塚商会の「経営支援サービス」が提供するDXワークショップ

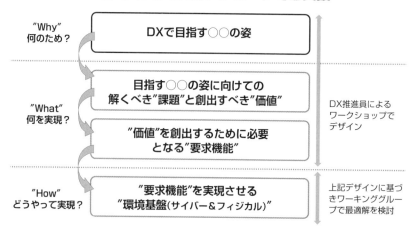

"実現手段(ITシステム等)"からではなく
"目的"から考えるアプローチでご支援

"Why" 何のため？	DXで目指す○○の姿	
"What" 何を実現？	目指す○○の姿に向けての 解くべき"課題"と創出すべき"価値"	DX推進員によるワークショップでデザイン
	"価値"を創出するために必要 となる"要求機能"	
"How" どうやって実現？	"要求機能"を実現させる "環境基盤(サイバー&フィジカル)"	上記デザインに基づきワーキンググループで最適解を検討

DX 推進ワークショップ 御提案書（（株）大塚商会）より

ゼネコンが協力する「建設RXコンソーシアム」

　鹿島建設と清水建設、竹中工務店を幹事とする建設会社16社は2021年9月、建設ロボット・IoT分野の研究開発を共同で実施する「建設RXコンソーシアム」を設立しました。RXはロボティクス・トランスフォーメーションです。

　コンソーシアムの会員は鹿島建設、清水建設、竹中工務店、長谷工コーポレーション、戸田建設、フジタ、熊組（くまがいぐみ）、前田建設工業、安藤ハザマ、西松建設、鴻池組（こうの いけぐみ）、東急建設、浅沼組、奥村組、鉄建建設、銭高組（ぜにたかぐみ）の計16社です。

　建設ロボットや建設機械、ソフトウェア、IoTなど、施工に関係する新規技術の研究開発や改良だけでなく、既存のロボット技術の相互利用などにも取り組みます。共同開発ならびに既存技術の相互利用に取り組むことで、研究開発費の削減やロボットの量産化によるコスト低減につなげることが目的です。ロボットを共通化して各社が使用すれば、価格が下がって普及しやすくなります。現場で実際にロボットを使う専門工事会社にとっても、操作方法を習得するロボットの種類が少ない方が楽になります。

　共同で開発されるロボットは、先進的・高機能のロボットよりも、搬送や清掃などの、作業員の負担を軽減する汎用ロボットが中心となる見込みです。

　技能労働者の高齢化に伴う就業者不足は各社共通の問題です。この危機感が「建設RXコンソーシアム」の設立につながりました。なお、大手ゼネコンのうち大林組、大成建設、三井住友建設は参加していません。

建設RXコンソーシアムの目的

共通課題	協調	
・生産年齢人口の減少 ・技能労働者の高齢化 ・就業者の不足	・各社での施工ロボットの開発 ・各社での施工支援ツールの開発 ↓ ・技術ノウハウを集結 ・各社の重複をなくしてコスト削減	建設業界の魅力を向上

原則BIM/CIM化への対応

国土交通省では、2023年度までに小規模工事を除くすべての詳細設計・工事におい
てBIM/CIMを原則適用する方針を示しています。

◇ ソフトの選定

　国土交通省の原則BIM/CIM化の方針を受けて、準備を始めようとする
建設コンサルタントや建設会社が増えています。

　BIM/CIMを始めようとすると、すぐにどのソフトを選定すればいいか
とか、**リクワイヤメント**（要求事項、後述）を満たすにはどうすればいい
かと考えますが、たんにソフトを購入すれば対応できるものではありませ
ん。そして、BIM/CIMを導入して図面を3次元化するだけでは、生産性
向上にはつながりません。

　BIM/CIMの検討においては、まず3次元データの種類と特徴を理解す
ることが大切です。BIM/CIMで扱う3次元データには、ソリッドモデル、
サーフェスモデル、そして点群データがあります。

　ソリッドモデルは中身の詰まったデータで、構造物として利用します。
体積を算出したり、属性を付与することができます。サーフェスモデルは
表面だけのデータで、地形に利用します。表面積しか算出できませんが、
造成前後のサーフェスデータがあれば、差分計算によって土量を算出する
ことができます。点群データは、1点ごとにXYZの座標を持つデータです。
点群からサーフェスを作成することができます。

　土木では、地形、道路、河川、構造物、仮設など多様な工事があるので、
異なる3次元データを使い分けたり、混在させる必要があります。これら
の3種類のデータは、工事によって使うものが異なり、ソフトウェアによっ
て扱うことができるデータが異なります。したがって、自社の工事でどの
ようなデータを使うのかが重要になります。構造物は地形上に存在し、施
工段階の地形と一緒に表示したりしますので、サーフェスデータとソリッ
ドデータを統合モデルとして作成する場合もあります。

　したがって、会社で統一したソフトウェアを選定するのではなく、工事
ごとに複数のソフトウェアを組み合わせて利用できるようにする必要があ
ります。

BIM/CIMの原則適用に向けて

●原則適用拡大の進め方（案）（一般土木、鋼橋上部）

	2020年度	2021年度	2022年度	2023年度
大規模構造物	（すべての詳細設計・工事で活用）	すべての詳細設計で原則適用※	すべての詳細設計・工事で原則適用	すべての詳細設計・工事で原則適用
		（2020年度「すべての詳細設計」に係る工事で活用）		
上記以外（小規模を除く）	—	一部の詳細設計で適用※	すべての詳細設計で原則適用※	すべての詳細設計・工事で原則適用
		—	2021年度「一部の詳細設計」に係る工事で適用	

※ 2020年度に3次元モデルの納品要領を制定予定。本要領に基づく詳細設計を「適用」としている
　国土交通省におけるDX（デジタルトランスフォーメーション）の推進について（国土交通省）より
※ 2021年3月に納品要領（案）が改定されている

◇ 詳細度の問題

　BIM/CIMに対応するためには、**LOD**（詳細度）を考慮したデータを作成する必要があります。詳細度は、LOD100からLOD500までの段階があり、3次元モデルの利用目的によって、どこまで詳細に作成すべきかを決めます。LOD400で作成すれば積算も可能ですが、LODを詳細にすると当然ながら作業時間も長くなります。国土交通省は2023年度までに小規模を除くすべての公共工事をBIM/CIM化する方針ですが、詳細度については指定していません。

　そのほかに、BIM/CIMでは、地理空間上の構造物として管理するために、方位や座標をCADデータに与えます。そのため測地座標系を設定する必要が生じます。また、PCのスペックが低いと大量のデータを使用した場合に動かなくなります。点群データを扱う場合や3次元モデル作成の範囲が広い場合は、情報量が多いため注意が必要です。

　さらに、BIM/CIM活用の要求事項が業務と工事について定められています。

　BIM/CIMを始めるときは、最初から難しいことをやろうとするのではなく、できるところから取り組んでいくことが大切です。

2021年度 BIM/CIM活用業務・工事のリクワイヤメント(案)

要求事項（リクワイヤメント）※業務
項目
①設計選択肢の調査（配置計画案の比較など）
②リスクに関するシミュレーション（地質、騒音、浸水など）
③対外説明（関係者協議、住民説明、広報など）
④概算工事費の算出（工区割りによる分割を考慮）
⑤ 4D モデルによる施工計画などの検討
⑥複数業務・工事を統合した工程管理および情報共有

要求事項（リクワイヤメント）※工事
項目
BIM/CIM を活用した監督・検査の効率化
BIM/CIM を活用した変更協議などの省力化
リスクに関するシミュレーション（地質、騒音、浸水など）
対外説明(関係者協議、住民説明、広報など)

令和 5 年度の BIM/CIM 原則適用に向けた進め方（国土交通省）

BIM/CIMモデルのファイル形式

BIM/CIM モデル		格納ファイル形式	成果品の内容
地形モデル	地形モデル	J-LandXML およびオリジナルファイル	測量成果の 3 次元地形モデル（実測 1/200 ～ 1/2,500）
	広域の地形モデル	J-LandXML およびオリジナルファイル	数値地図（国土基盤情報）(1/25,000 ～ 1/50,000)
地質・土質モデル	ボーリングモデル	オリジナルファイル	ボーリングモデル
	その他のモデル	オリジナルファイル	準 3 次元断面図やサーフェスモデル等の 3 次元地盤モデル
土工形状モデル	土工形状モデル	J-LandXML およびオリジナルファイル	土工部の設計土工横断形状（盛土・切土）をつないだ 3 次元モデル
	線形モデル	J-LandXML およびオリジナルファイル	道路線形、河川線形、構造物線形
構造物モデル		IFC2X3 およびオリジナルファイル	設計・施工の対象構造物やの 3 次元モデル
統合モデル		オリジナルファイル	各種ツールで作成した BIM/CIM モデルに含まれる 3 次元モデルを統合し軽快に動作することができる 3 次元モデル

オリジナルファイルとは「CAD、ワープロ、表計算ソフト等の各ソフトウェア固有のデータ形式にて作成されたファイル、および紙原本からスキャニングによって作成された電子データ等」を指す。
BIM/CIM モデル等電子納品要領（案）（国土交通省）より

建設業DXのステップ

　建設 DX への取り組みにあたっては、まず自社の現状を確認します。基本的な環境整備が進んでいなければ、工事情報のデジタル化に進めませんし、工事情報のデジタル化が進んでいなければ、施工の一部デジタル化も難しくなります。基本的な環境整備をおろそかにして施工管理アプリを導入しても、期待した効果は得られません。

　一方で、ステップを進めていけば生産性向上につながります。業務の見える化によって予定や進捗が簡単にわかるようになれば、報告や連絡の手間を削減することができます。図面や記録のデジタル化ができれば、情報が一元管理されて業務の効率化につながります。

　自社の現状を確認しながらステップを踏んで進めていくことが大切です。少しでもステップを進めれば、生産性の向上を感じることができるはずです。

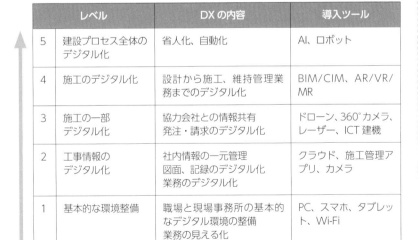

建設DXのステップ

	レベル	DX の内容	導入ツール
5	建設プロセス全体のデジタル化	省人化、自動化	AI、ロボット
4	施工のデジタル化	設計から施工、維持管理業務までのデジタル化	BIM/CIM、AR/VR/MR
3	施工の一部デジタル化	協力会社との情報共有 発注・請求のデジタル化	ドローン、360°カメラ、レーザー、ICT 建機
2	工事情報のデジタル化	社内情報の一元管理 図面、記録のデジタル化 業務のデジタル化	クラウド、施工管理アプリ、カメラ
1	基本的な環境整備	職場と現場事務所の基本的なデジタル環境の整備 業務の見える化	PC、スマホ、タブレット、Wi-Fi

国土交通省が進める建設業DX

国土交通省では、非接触・リモート型の働き方への転換や、安全性向上などを図るため、データとデジタル技術を活用したインフラ分野の DX を進めています。

◇ インフラ分野のDX

インフラ分野の DX では、データとデジタル技術を活用して、社会資本や公共サービス、そして業務そのものや、組織、プロセス、建設業や国土交通省の文化・風土や働き方を変革し、インフラへの国民理解を促進すると共に、安全・安心で豊かな生活を実現する、と示されています。

具体的には、環境整備や実験フィールドの整備により新技術の導入促進を行うと共に、地方整備局の人材育成センターで人材育成を行います。それにより、行動、知識・経験、モノの DX を進めます。行動の DX とは、遠隔操作、遠隔臨場、Web 会議、遠隔監視などであり、知識・経験の DX とは、AI による施工管理支援などです。そして、モノの DX は、モノの理解を簡単にする BIM/CIM 化、ICT 施工などです。

◇ 建設現場の生産性向上プロジェクト

国土交通省では、2018 年度から**建設現場の生産性を飛躍的に向上するための革新的技術の導入・活用に関するプロジェクト**を始めています。各地で行われている先端技術の実証実験では、

① 3D スキャンなどによる自動的出来形管理
②重機・車両・人の動きを自動的に把握して生産性を向上
③品質管理や検査の自動化

などのテーマが多く行われています。近い将来に建設現場で一般化していくと考えられます。

インフラ分野のDX

「行動」のDX
どこでも可能な現場確認

「知識・経験」のDX
誰でもすぐに現場で活躍

「モノ」のDX
誰もが簡単に図面を理解

社会資本や公共サービス、組織、プロセス、文化・風土、働き方の改革

インフラへの国民理解の促進と安全・安心で豊かな生活を実現

国土交通省におけるDX（デジタルトランスフォーメーション）の推進について（国土交通省）より

メモ 建設現場の生産性向上のための革新的技術の導入・活用に関するプロジェクト

　内閣府の「官民研究開発投資拡大プログラム」（略称：PRISM）の資金を活用しているため、PRISMプロジェクトと呼ばれる。IoT・AI・ロボットなどの技術開発を行う企業などとコンソーシアムを結成して、生産性の向上や品質管理の高度化に関する技術提案を国土交通省に行う。採択されたコンソーシアムには実証実験の経費が支給される。

◇ 身近になるデジタルツイン

国土交通省では**デジタルツイン**を目指して「**国土交通データプラット
フォーム**」を開設し、国土交通省が所有するデータと民間などのデータの
連係も目指しています。建設工事においては、施工前の現場のデータをダ
ウンロードして確認し、工事が終われば施工結果のデータをアップロード
して更新する、という時代が近付いています。

インフラDXの具体的なアクション

●行政手続きや暮らしの サービスを変革

行政手続きなどの迅速化

・特車通行手続きなどの迅速化
・河川利用などに関する手続き のオンライン化
・港湾関連データ連携基盤の構築

暮らしのサービス向上

・ITやセンシング技術などを活 用したホーム転落防止技術の 活用促進
・ETCによるタッチレス決済の 普及

暮らしの安全性を高める

・水位予測情報の長時間化
・遠隔による災害時の技術支援

●ロボットやAI等活用で人を 支援、安全性や効率性を向上

安全で快適な労働環境を実現

・無人化・自律施工による安全 性・生産性の向上
・パワーアシストスーツなどに よる苦渋作業減少
・地域建設業のICT活用
・鉄道自動運転の導入

AI等の活用で作業の効率化

・AI等による点検員の「判断」 支援
・CCTVカメラ画像を用いた交 通障害自動検知など

熟練技能のデジタル化で 効率的に技能を習得

・人材育成にモーションセン サーなどを活用
・CCUSとマイナポータルの連携

●デジタルデータ活用で仕事 のプロセスや働き方を変革

調査業務の変革

・災害対応のための情報集約の 高度化・連携化
・衛星などを活用した被災状況把握
・遠隔操作・自動化水中施工など
・道路分野におけるデータプラッ トフォームの構築と活用

監督検査業務の変革

・監督検査の省人化・非接触化
・公共通信不感地帯における遠 隔監督・施工管理の実現
・映像解析を活用した出来形※確認

点検・管理業務の効率化

・点検の効率化・自動化
・日々の管理の効率化
・利水ダムのネットワーク化や 水害リスク情報の充実
・危機管理型水門管理
・行政事務データの管理効率化

●DXを支える活用環境の実現

デジタルデータを用いた社会課題の解決

・まちづくりのデジタル基盤の構築
・データ活用の基盤整備（国家座標）
・人流データの利活用のための流通環境整備
・公共工事執行情報の管理・活用のためのプラッ トフォーム構築

3次元データ活用環境の整備

・3次元データなどの保管・活用環境の整備
・インフラ・建築物の3次元データ化
・国土交通データプラットフォームの構築

インフラ分野のデジタル・トランスフォーメーション（DX）（国土交通省）をもとに作成

＊出来形 工事施工が完了した部分のこと。

建設業DXを学ぶ建設DX施設

国土交通省は建設 DX 推進のため、各地域に人材育成のための建設 DX 施設を開設しています。

◇ 建設DX人材の育成

　2021 年 4 月に関東地方整備局は、データとデジタル技術を活用したインフラ分野の DX 推進に向けて「**関東 DX・i-Construction 人材育成センター**」と「**関東 DX ルーム**」を開設しました。「関東 DX・i-Construction 人材育成センター」では、BIM/CIM や ICT 施工、デジタル技術の知識などの習得により建設 DX 人材を育成します。「関東 DX ルーム」はインフラ DX 推進の情報発信拠点で、3 次元データ活用や遠隔管理技術を学ぶことができます。

◇ 関東DX・i-Construction人材育成センター

　関東 DX・i-Construction 人材育成センターには、現場実証フィールドと建設技術展示館があります。研修の主なメニューとして以下が挙げられています。

- ・BIM/CIM 活用促進に向けた研修・人材育成
- ・ICT 測量・施工の体験実習
- ・VR・AR を活用した、完成後の建設物の再現やバックホウ、高所などの施工体験
- ・ローカル 5G 通信を活用した現場フィールド（土工）での ICT 建機を用いた無人化施工実習
- ・ホログラム表示（MR）を用いた出来形管理実習（土工）
- ・DX に資するデータやデジタル技術に関する基礎知識、情報セキュリティなどの習熟

ICT 計測講習では、ICT 活用工事の建設現場で 3 次元データを扱うことができるように、起工測量・設計データ作成、出来形計測から専用ソフトによるデータ加工までの作業を学ぶことができます。ICT 施工研修では、ICT 施工機械・測量機器、施工方法、計測方法などを学びます。講師を派遣する出前講座も準備されています。

関東地方整備局では、ICT 施工の普及を目的とする相談窓口として「ICT メールセンター」および「ICT アドバイザー制度」を設けています。

建設技術展示館は、最新の建設技術や現場での取り組みをパネルや映像、模型などで展示しています。一般市民から学生、技術者までの幅広い層を対象とした体験施設です。「Society5.0 を実現する新技術」として、i-Construction やビッグデータを活用した AI 技術、ロボットなどが展示されており、「防災・減災・国土強靱化、インフラ長寿命化技術」としては、状況把握のモニタリング技術や補修・メンテナンス技術、防災・減災対策の技術が展示されています。

◇ 建設DX実験フィールド

国土交通省国土技術政策総合研究所は、2021 年 6 月に建設 DX 実験フィールドの運用を始めました。無人化施工、自動施工、ローカル 5G を活用した遠隔操作、3 次元データを活用した計測および検査などに関する技術開発を促進する研究施設です。民間企業にも開放して建設 DX の技術開発をサポートしています。

各地の建設DX施設

関東地方整備局	関東 DX ルーム（さいたま市）
	関東 DX・i-Construction 人材育成センター（松戸市）
中部地方整備局	中部インフラ DX ソーシャルラボ（名古屋市）
	中部インフラ DX センター（名古屋市）
近畿地方整備局	近畿インフラ DX センター（枚方市）
九州地方整備局	九州インフラ DX ルーム（福岡市）
	九州インフラ DX 人材育成センター（久留米市）
国土技術政策総合研究所	建設 DX 実験フィールド（つくば市）

関東DX・i-Construction人材育成センター

人材育成センターの研修棟と現場実証フィールドにおいて、データ（3Dや画像等）とデジタル技術（5Gやレーザー測量等）を活用した施工や維持管理等の研修・実習を実現

●レーザースキャナ等の測量実習

●3DCAD、VR/MRを活用した実習

橋梁3Dデータ

測量　設計

3Dデータ

5G

維持管理　施工

●維持管理での3Dデータ活用（現場MR）

埋設管路

●無人化施工実習

ローカル5Gを活用（遠隔操作は今後導入予定）

●盛土フィールドを活用したマシンガイダンスの施工実習

関東地方整備局インフラDXのスタート！（国土交通省）より作成

選んで試して使い方も知る

建設 DX に使う ICT 建機や測量機器は、最初から自社で購入する方法もありますが、建機レンタル会社から借りて使ってみるという考え方もあります。

◇ 西尾レントオールのサポート体制

西尾レントオールでは、i-Construction 関連の製品をまとめたカタログを準備しています。カタログには、3D マシンコントロールや 3D マシンガイダンスを搭載したバックホウ、ブルドーザーなどの ICT 建機、そしてドローン、3D レーザースキャナなどの測量機器が掲載されています。

建設 ICT の専門知識を学んだエキスパートを全国各地に 200 名以上配置しているので、工事で試すときは、何を使えばよいかを相談することもできます。豊富な機械やシステムから最適なものを選んで、安心して試しながら適切なアドバイスを受けることができます。

例えば、ICT の利便性を活かした施工計画や施工管理、3D 設計データの作成・変更、ICT 建機システムの理解と操作などです。その結果、安心して工事を進めることができます。現場で同社の ICT 建機を活用する際には、ドローン測量や 3D データの作成、ICT 重機へのインストールなど一連の作業をサポートする体制も備えています。3D スキャナなども技術者とセットでレンタルすることができます。建設機械から測量、ネットワーク、無線通信などまで、それぞれのスペシャリストが揃っているため幅広い分野の相談が可能です。オリジナルのシステムも開発しています。

◇ 機器に適した使い方

ICT ブルドーザーを使うときは、その性能を活かす使い方があります。これを把握していないと、同時に使用するダンプトラックや油圧ショベルの能力が不足して、現場全体として非効率になってしまうこともあります。

ICT 建機などを借りるだけでなく、効率のよい施工計画づくりなどのコンサルティングも受けることができます。これまでに多くの建設会社と共に培った現場の経験やノウハウをもとにしたアドバイスを受けられます。

全国 8 カ所にある「テクノヤード」や奈良の「関西機械センター」では、顧客に対して ICT 施工の座学や実技の講習を行っています。これらの施設

では、ICT 施工の体験もできます。

◇ アクティオのレンサルティング

　アクティオの**レンサルティング**は、モノも知恵も貸す提案型のサービスです。「レンタル」＋「コンサルティング」との意味があります。

　従来のアナログ機械はレンタルするだけで建設会社が使いこなしていましたが、デジタルになると勝手がわからないためか使い方の問い合わせが増えました。そこで、使い方の実習や、熟練度を上げるためのトレーニングを行っています。効率的な使い方だけではなく、何を使えばよいか、いつ現場に入れればよいかなど、現場の生産性を上げるためのコンサルティングも行います。

エキスパートからアドバイスを受けることができます。

◀西尾レントオール
　ホームページ

必要な時だけレンタルすることで経営効率を向上させることができます。

◀アクティオの
　カタログ

建設業DXの実行計画

建設DXに取り組むにあたっては、他社がやっているから……で行うのではなく、ステップを踏んで進めることが大切です。

◆ 課題の明確化

　まず、業務の手順を洗い出し、時間のかかっていること、手間のかかっていること、やり直しや連絡回数の多いことなど、日頃の業務で何に困っているのかをリストアップします。

　その中には、建設DXに取り組むまでもなく解決できることもあるはずです。重複した業務や、昔からの慣例で繰り返しているものの目的や効果の不明な業務が出てくることもあるので、そういったものは別に検討します。課題であったり困っていると思い込んでいたものの、そのために使っている時間を集計すると思ったほどでもない、ということもあります。客観的な視点で見直します。

　初めて建設DXに取り組む会社が取り組みやすいこととして、施工管理ツールの導入による図面や資料などのデータの共有化、資料作成や写真整理の合理化が挙げられます。

◆ 現状の確認

　建設DXに取り組むための環境についても確認します。パソコンや通信環境、スマホなどのIT環境のレベルを確認します。そして、それらを使いこなしているかどうかも重要です。

　すでにCADを使っていれば、BIM/CIMの導入も視野に入りますし、テレワークを行っていれば、現場への遠隔での作業指示にもすぐに取り組むことができます。設備更新のための現地調査が多い会社であれば、360°カメラやLiDARによる計測も候補となります。比較的広い現場が多い会社や足場を組みにくい現場の点検が多い場合は、ドローンの活用が視野に入ります。

◆ 解決策の検討

　課題と現状を確認した上で、解決策を検討します。例えば、施工管理ツールを導入するにしてもいくつかの種類があります。自社に適したものは何か、使いやすいものは何か、使ってみないと本当のことはわからないものですが、同業他社が使っているものは何か、業界で実績の多いものは何か、などを調べて検討します。360°カメラや LiDAR による計測、ドローンについても同じです。そして導入する建設 DX を選択します。最初に設定した課題の解決に本当につながるのか、についても再確認します。担当者が使いたくなる、魅力を感じるツールであることも重要な要素です。

　また、わからないことが出た場合にすぐに相談できるかどうかも大切です。身近に使いこなしている会社があって教えてもらえる、サポート体制が充実している、というようなことです。

◆ 導入の準備と実行

　担当者を決めて導入の準備を進めます。ツールを決定する前に、建設DX 施設での研修受講やレンタル機器での試用も行います。そして必要な講習があれば受講させます。

　導入後は、担当者が使いこなせるようになった段階で、社内での勉強会を行います。小さく始めて効果を確認しながら全社的に広げていきます。協力会社と一緒に使うことで効果が高まるツールであれば、協力会社との勉強会も行います。

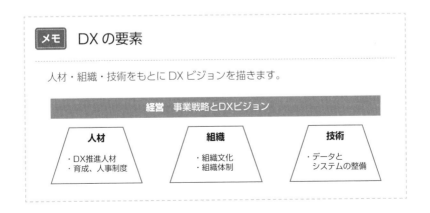

メモ　DX の要素

人材・組織・技術をもとに DX ビジョンを描きます。

経営　事業戦略とDXビジョン

人材	組織	技術
・DX推進人材 ・育成、人事制度	・組織文化 ・組織体制	・データと 　システムの整備

新しいツールや仕事のやり方を導入しようとすると、社内から抵抗を受ける場合もあります。IT が苦手な人もいるので丁寧な説明が必要です。便利になる、楽になることがわかれば、自然に活用が広がります。

建設DXの実行計画書(例)

年　　月　　日

タイトル	施工管理ツールの導入による現場事務作業の効率化
現状分析	●課題 現場管理者の残業が多く休日出勤が続いている ●背景 現場管理者が資料作成、書類整理に時間をとられている
解決策	●解決策 施工管理ツールABCを導入して図面管理、工事写真管理、書類作成を効率化する ●選定理由 同業他社で多くの実績があり、サポート体制が充実している
予　算	タブレットを3年使用として213,300円/人 （内訳）システム（オプション込み）　5,000円/月 　　　　タブレット　　　　　　　　 100,000/台 　　　　通信費　　　　　　　　　　 10,000円/月
導入の効果	●残業時間・費用の削減 月20時間の残業時間削減　4,000円×20時間＝80,000円/月 年間240時間で960,000円の削減効果 ➡ツール導入費を大きく上回る ●その他 その他の効果として情報共有が進み、急な連絡・指示が減ることも期待できる
予想される問題	●問題 ベテラン管理者が操作に慣れるのに時間がかかる 現場での持ち運び時の雨濡れ・破損 ●対処 担当者Y課長が十分に使用法をマスターし、●月からの△現場のチームが試用して操作性・効果を確認する その上で社内勉強会を開催して全社に展開する 雨濡れ・破損防止のため耐衝撃肩掛けホルダーをセットで購入する
その他	協力会社への展開は今後の検討課題とする
スケジュール	（下表参照）

スケジュール	担当者	11月	12月	1月	2月	3月	4月	5月	6月
ツール選定	X課長	●契約・購入							
△現場での試用	Y課長		←			→			
全社展開	Z部長						効果の確認	社内勉強会	
協力会社への展開	Z部長								検討

BIM/CIM導入後の将来像

　BIM/CIMの活用で、公共工事の調査・計画から設計、施工、メンテナンス、そして防災情報提供がこのように変わります。

BIM/CIM導入後の将来像

業務	項目	現状（導入前）	導入後
事業推進系業務	調査・計画段階・地元説明	・図面（2次元情報）を用いた説明	・3次元モデルを用いた説明（理解度向上） ・施工計画検討の綿密化による品質向上
	設計・発注段階	・設計図書は図面（平面図、縦横断図、構造図）が基本	・設計図書の3次元モデル化 ・3次元モデル化による干渉チェック、数量算出の自動化
	施工段階（監督・検査）	・図面をもとに、設計変更、出来高、出来形を現場で確認	・設計変更を3次元モデルで実施 ・点群データによる出来高、規格値内の確認 ・ウェアラブルカメラによる遠隔検査

業務	項目	現状（導入前）	導入後
メンテナンス業務	予防保全	・各施設の個別点検（台帳管理）と長寿命化計画の策定、修繕実施	・点検結果を BIM/CIM モデルの属性データとして管理することにより施設管理・点検を合理化
	災害時点検	・被災後の平面測量、縦横断測量結果と施設台帳、図面により被害状況を把握、応急対応、復旧内容を検討	・被災後の LS 測量※等による点群データと被災前の点群データとの比較により被災状況を把握、応急対応、復旧内容を検討
防災情報提供系業務	雨量、水位、洪水予報、水防警報関係情報の提供	・川の防災情報等、HP、SNS を通じて提供	・センサー・カメラ情報を AI で判定 ・判定結果をスマホに送信、避難経路を指示
	降雪・路面凍結情報の提供	・HP、SNS を通じて提供	・センサー・カメラ情報を AI で判定 ・判定結果を自動車に送信して走行を制御

※ LS 測量：レーザースキャナを用いた測量
BIM/CIM・DX に関する動向について（国土交通省）より加工

SaaS型の建機レンタルアプリ「i-Rental」

コラム

　建設現場で稼働する建機の6割以上はレンタルで調達されています。そして、日本では2兆円を超える建機リース市場があります。

　SORABITO社の提供する「i-Rental」は、建機レンタル会社が管理画面上で作成したアプリを建設会社に配布して利用してもらう**SaaS**＊型の建機レンタルアプリです。建設会社は24時間365日オンラインで建機レンタルの注文・返却・管理ができます。

　現場監督はスマートフォンで建機をレンタル発注することができ、担当者や現場ごとの機械の注文・返却状況も把握できます。建機レンタル会社と建設会社の間のコミュニケーションもスムーズになります。

　日本製の中古建機は、品質とメンテナンスの状態がよいことから世界中で需要があります。そこでSORABITO社では、建設機械を常にリアルタイムでインターネット取引できるオンラインプラットフォームやインターネットオークションも運営しています。

日本には2兆円を超す建機のリース市場があります。

＊**SaaS**　Software as a Serviceの略。クラウドサービスとして提供されるソフトウェアのことを指す。かつてのソフトウェアはそれぞれのPCにインストールしなければ使うことができなかった。高速通信環境が利用できるようになり、ユーザーがブラウザ経由でソフトを利用する形態が普及してきた。インターネットにアクセスできる環境があれば複数人でデータの共有ができるため、スムーズなグループワークが実現している。

memo

6 成長のための戦略デザイン

これからも建設業界の変化は続きます。予測を覆す新しいサービスが次々に登場し、いままでの常識が非常識になります。そしてその変化はますます速くなります。これからの会社の成長は、変化に対応できるかどうかにかかっています。

ポストコロナの建設業界

コロナ禍でリモートワークが進んだ企業では、移動時間がなくなり業務の効率が上がったという話が聞かれます。

◇ オンラインが当たり前に

　　これまで建設業の業務は、顧客や現場、取引企業などに出向いて打ち合わせを行いながら設計や施工を進めていくことが当たり前でした。コロナ禍で移動を減らしたりオンライン会議を経験することで、これまで当たり前に行っていた移動にムダが多かったことに気付きました。

オンラインが当たり前に

デジタルトランスフォーメーションにおける IT システム企画（経済産業省）
20201228004-7.pdf (meti.go.jp)

　企業や業務によっては対面をオンラインで代替できないこともありますが、これまで人が集まらなければできないと思われていた業務もオンラインで実現できることが明らかになり、出勤すること、集まることが常に必要というわけではないことがわかりました。さらに、会議室での席次がないことでフラットな意見交換が進み、「誰が発言したかよりも発言の中身が重要」という雰囲気も生まれています。

　これからは、時間とコストをかけて現場に行くのは贅沢なことであり、現場に行くなら、オンライン以上の価値を求められるということになります。コロナ禍が、対面を前提とした業務を見直す機会となっています。

　ポストコロナでは、業務プロセスがデジタルを前提としたものになり、リアルなつながりはその中の一部となります。多くの企業は、ビジネス環境がコロナ禍前の姿には戻らないと考えています。

◇ ポストコロナでの建設DXへの意識

　これまでの建設 DX を見ると、コスト削減や生産性向上を目的とした内容が多く、本来の DX の目的といわれているビジネスモデル変革や新規事業拡大などにつながるものは多くありません。DX の本質をとらえて取り組んでいる企業は少ない状況でした。

　しかし、少しでも建設 DX による生産性向上を体験した企業は、大きな変化を感じています。図面をタブレットに入れて持ち運び、その場で撮った写真を図面と紐付け、写真台帳も整理できるようになりました。数年前までは、スマホで測量や寸法測定をしたり、レーザーでスキャンして 3D データを作成するなど、高度な技術がこれほど手軽に使えるようになるとは思ってもいませんでした。そして、まだそれらを使っていない建設会社でも、新しい技術が身近にあり、それを使うことで業務を大きく変えられるという可能性を感じています。

いまは、先行きが不透明で予測が困難な **VUCA***の時代だといわれます。これからも建設業界の予測を覆す新しいサービスが登場し、いままでの常識が非常識になっていきます。これまでのやり方を続けていると、他社に大きく後れをとってしまうのではないか、と多くの会社が感じています。

　これからは、積極的に変化に対応する企業と対応できない企業とで、大きな差が出てきます。建設 DX についていけない企業にとって厳しい時代が来ることは間違いありません。

DX に対応できないと厳しい時代が到来します。

メモ　VUCA

　世の中が複雑さを増し、将来の予測が困難な状態にある。ビジネスにおいても画期的な新しいサービスが登場している。VUCA は、次の 4 つの単語の頭文字をとった造語である。V（Volatility：変動性）、U（Uncertainty：不確実性）、C（Complexity：複雑性）、A（Ambiguity：曖昧性）。これらの組み合わせにより、先行きが不透明で、将来の予測が困難な状態を意味する。

建設業界の仕事を根本から変える建設業DX

現在利用可能な技術を使えば、どのような業務のやり方が理想なのか——というように、DX の視点で建設業の業務を見直すことが大切です。

◇ 企画、設計、施工、サービスのあり方が変わる

　建設 DX が進むと、設計や工程管理も AI やロボット、リモートワークでできるようになります。そして、これまで属人的であった現場ノウハウがデジタル化され、誰もが見える・活用できるかたちになります。仮想空間でシミュレーションして最適化したものを現実空間で実現する時代になります。

　これまでは、経験者による企画・設計が現場で施工され、その結果が関係者に共有され、フィードバックによって改善がなされ、それが次の現場で活かされるという流れでした。

　建設 DX の時代には、デジタル上での企画・設計について、デジタル上での検証を繰り返して最適化を行い、そして現場での施工という流れになります。もちろん、結果の評価は企画・設計へもフィードバックされ、ノウハウとして共有化されます。

　これまでは個人もしくは企業に蓄積されてきたこのようなノウハウが、デジタルのツールとして販売されるようになれば、新規参入企業も最初からある程度のレベルの仕事をすることができます。下請け専門工事会社の技術を AI やロボットが取り込んで仕事が進みます。つまり、業務の自動化が進むということです。

　極端にいえば、敷地と用途、その他の条件や情報を指示すると、AI が設計して施工計画を立て、ロボットや 3D プリンタが施工する。一般的な作業を行う人は不要になる。そんな時代がやってくるかもしれません。

　そのような時代に差がつくのは、そこから先です。建設 DX 時代の現場力とは、新しい技術を活用できる力です。技術やノウハウを常に取り込もうとする姿勢が成功のポイントになります。そして、人には人にしかできない価値を提供することが求められます。

◇ DX視点での見直し

　企画・調査、設計、施工、維持管理の各場面において、新しい技術を使うとどのようなことができるのか。本来の建設業の仕事とは何か。建設業界は現在のように元請けや下請け、設計、施工・専門工事業として役割が分かれている方がよいのか。

　業務の流れについても、自社の視点ではなく、発注者や施主の目線で見た場合にどうあるべきなのか、から考えます。これまでの業務の流れをたんにデジタル化するのではなく、ゼロベースで考えることで建設業の理想像を描きます。これが必要な技術や人材採用・育成の見直しにもつながり、建設 DX が目指すビジネスの変革につながるのです。

建設DXによって仕事が変わる

- 新しいサービス
- 建設業の理想像
- 新しい市場

ゼロベースで考える

- データやモデルの共有ができる
- 膨大なデータを利用することができる
- 業務の生産性が向上する
- AI が DX における中心的な技術になる
- 業務体系をシステム化することができる
- AI などの先端技術を利用できる
- 意見交換を即時に行うことができる
- データやモデルの集約・一元化
- 可視化やシミュレーションが進む
- 現場のノウハウ蓄積をシステム化して活用できる

建設業の課題 ✕ デジタル技術

デジタルトランスフォーメーションにおける IT システム企画（経済産業省）を参考に作成

企画・設計・施工・サービスのあり方が変わる

デジタルトランスフォーメーションの河を渡る（経済産業省）を加工

VIRTUAL SHIZUOKAの効果

　2021年7月初めに静岡県熱海市で大規模な土石流災害が発生しました。被害状況の把握に県が公開していた地形のオープンデータが使われ、原因とされる「盛り土」をその日のうちに突き止めました。

　静岡県では、県内各地で点群データを取得し、2017年から全国の自治体に先駆けて「VIRTUAL SHIZUOKA」としてオープンデータ化していました。建設分野だけでなく、自動運転用の地図や観光、ゲーム分野、そして災害時における活用も想定して、仮想空間に街や森、河川など県内の地形を丸ごと再現しています。

　地形データがあれば、災害後すぐに現地に入ることが難しい場合でも、被災前後のデータを比べることができます。早期に被害状況を把握することができ、救助や復旧活動にも役立つことが、今回の災害で確認されました。予防につなげることがさらに重要です。

VIRTUAL SIZUOKSA構想

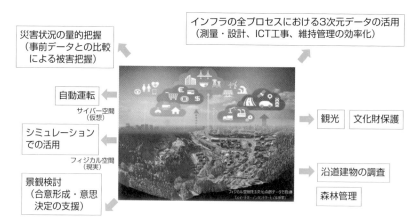

災害状況の量的把握
（事前データとの比較
による被害把握）

自動運転
サイバー空間
（仮想）

シミュレーション
での活用
フィジカル空間
（現実）

景観検討
（合意形成・意思
決定の支援）

インフラの全プロセスにおける3次元データの活用
（測量・設計、ICT工事、維持管理の効率化）

観光　文化財保護

沿道建物の調査

森林管理

「VIRTUAL SHIZUOKA」が率先するデータ循環型 SMART CITY（国土交通省）より
001341978.pdf (mlit.go.jp)

03 建設業DXが開く建設業界の新たな可能性

建設業界は建設 DX の入り口に立ったところです。

◇ 夢を形にする時代

　建設 DX によって建設業界に大きな変化が起こり始めています。設計・施工・維持管理などの建設プロセス全体が 3 次元データでつながれ、生産性をさらに向上させます。VR や AI による施工計画策定の効率化・自動化、ロボットによる施工の合理化、ドローンやセンサーによる測量や点検の効率化などが始まりました。

　これからは、IoT ですべての人とモノがつながり、様々な知識や情報が共有されます。現実空間のセンサーからの膨大な情報が仮想空間に集積され、そのビッグデータを AI が解析して、現実空間に様々なかたちでフィードバックされます。膨大なビッグデータを人間の能力を超えた AI が解析し、その結果がロボットの動きなどを通して直接フィードバックされることで、いままで解決が困難であった課題を克服することが期待されています。

◇ 建設業界の未来予測

　これまでもデジタル化は私たちの生活に大きな変化をもたらしてきました。そして、新しい技術は使われ始めるとあっという間に広く普及して当たり前のように使われ始めます。スマホや電子マネーがその代表例です。

　建設 DX には遠隔操作や自動運転、AI やロボットもありますが、現在、普及し始めているのは施工管理の生産性向上につながるデジタル化です。そう考えると、建設業界は建設 DX のほんの入り口にいるということになります。つまり、建設 DX は、これから本当の DX のステージに進むということです。建設業界は大きく変わっていきます。

このような変化の中で、建設業界で働く人は、10年後はどのような仕事の仕方をしているだろうかと考える必要があります。AIやロボットが活躍するということは、同じことをする人は不要になります。そして、人はより価値の高い仕事をするようにならなければなりません。建設DXの目的の1つが人手不足の解消ですから、当然のことです。スピードを出すときは徐行運転のときよりも遠くを見て運転するように、変化の速い時代には、より先を見なければいけません。

　いま、業種の垣根を越えて、多様な企業がデジタルの力を使って建設業界に参入しています。これまでのように、建設技術だけで建設を語ることができない時代になりました。建設技術者は、多方面における技術の発展を常にウオッチしながら、建設業界がどうなっていくのか、どんな技術を使うべきかを考える必要があります。

　建設DXが建設会社と働き方をトランスフォーメーションしていきます。

建設DXがスマートな建設業界を実現します。

参考文献

- 事例記載各社のホームページ
- 日本経済新聞 (日本経済新聞社)
- 日経コンストラクション (日経BP)
- 日経アーキテクチュア (日経BP)
- JACIC情報　124、123、122、121、120、119、116 (一般財団法人日本建設情報総合センター)
- 建設ITガイド2021 (一般財団法人経済調査会)
- 建設DX2021 (日経BP)
- 建設テック革命　木村駿 (日経BP)
- 建設DX　木村駿 (日経BP)
- 新しいDX戦略　内山悟志 (エムディエヌコーポレーション)
- いまこそ知りたいDX戦略　石角友愛 (ディスカヴァー・トゥエンティワン)
- デジタル時代のイノベーション戦略　内山悟志 (技術評論社)
- DXの思考法　西山圭太 (文藝春秋)
- これからのDX　内山悟志 (エムディエヌコーポレーション)
- アフターデジタル2 UXと自由　藤井保文 (日経BP)
- DX経営図鑑　金澤一央 (アルク)
- DX実行戦略　マイケル・ウェイド他 (日経BP)
- 成功するDX、失敗するDX　兼安暁 (彩流社)
- いちばんやさしいDXの教本　亀田重幸、進藤圭 (インプレス)
- DX戦略立案書　デビッド・ロジャース (白桃書房)
- 2030年：すべてが「加速」する世界に備えよ　ピーター・ディアマンディス、スティーブン・コトラー (ニューズピックス)
- 建設業界の動向とカラクリがよ〜くわかる本 [第4版]　阿部守 (秀和システム)
- DXレポート　〜ITシステム「2025年の崖」の克服とDXの本格的な展開〜 (経済産業省　デジタルトランスフォーメーションに向けた研究会)
- DXレポート　〜ITシステム「2025年の崖」の克服とDXの本格的な展開〜 (サマリー) (経済産業省　デジタルトランスフォーメーションに向けた研究会)
- 「VIRTUAL SHIZUOKA」が率先するデータ循環型SMART CITY (国土交通省)
- 竣工検査でHolostructionを活用 (小柳建設株式会社)
- DX推進ワークショップ御提案書 (株式会社大塚商会)
- 3D都市モデル導入のためのガイドブック (PLATEAU　国土交通省)
- 2019 施工CIM事例集 (一般社団法人日本建設業連合会)
- A^4CSEL (鹿島建設株式会社)
- AI白書2019 (独立行政法人情報処理推進機構)
- カンタン施工管理アプリANDPAD (株式会社アンドパッド)
- BIM/CIM活用ガイドライン (案) (国土交通省)

- BIM/CIM事例集 ver.2 (国土交通省)
- BIM/CIM活用ロードマップ (国土交通省)
- BIM/CIMとクラウドでi-ConはDXへと進化する (建設ITジャーナリスト 家入龍太)
- BIM活用実態調査レポート2020年版 (日経BPコンサルティング)
- 「カイゼン」から「建設DX」へ (SBクラウド)
- デジタルトランスフォーメーションを推進するためのガイドライン (経済産業省)
- Field Browser (鹿島建設株式会社)
- i-Construction大賞 受賞取組 概要 (i-Construction推進コンソーシアム会員の取組部門) (国土交通省)
- i-Construction大賞 受賞取組 概要 (工事・業務部門) (国土交通省)
- UAVを用いた公共測量マニュアル (案) (国土地理院)
- Arch-LOG (丸紅アークログ株式会社)
- インフラ分野のDXに向けた取組紹介 (国土交通省)
- インフラ分野のデジタル・トランスフォーメーション (DX) (国土交通省)
- スマートコンストラクション・レトロフィットキット (株式会社ランドログ)
- コンクリート仕上げロボット「NEWコテキング」を開発 (鹿島建設株式会社)
- データ交換を目的としたパラメトリックモデルの考え方 (素案) (国土技術政策総合研究所)
- デジタルエンタープライズとデータ活用 (経済産業省)
- デジタルトランスフォーメーション (Autodesk)
- デジタルトランスフォーメーションにおけるITシステム企画 (経済産業省)
- デジタルトランスフォーメーションの河を渡る (経済産業省)
- 令和2年度テレワーク人口実態調査 (国土交通省)
- 各WGにおけるその他の取組成果 (BIM/CIM推進委員会、国土交通省)
- 業務区分に応じた各ステージの業務内容と、各ステージで必要となるBIMデータ・図書 (国土交通省)
- 建設DX図鑑 (株式会社大塚商会)
- 建設業ハンドブック2020 (一般社団法人日本建設業連合会)
- 建設業向けソリューション (株式会社日立ソリューションズ)
- 建設現場の生産性を飛躍的に向上するための革新的技術の導入・活用に関するプロジェクト H30試行内容 (概要) の紹介 (国土交通省)
- 建設現場の生産性を飛躍的に向上するための革新的技術の導入・活用に関するプロジェクト R1 (国土交通省)
- 建設現場の生産性を飛躍的に向上するための革新的技術の導入・活用に関するプロジェクト R2 (国土交通省)
- 建設現場管理におけるイノベーションに向けた取組 (一般社団法人日本建設業連合会)
- 建設産業の現状と課題 (国土交通省)
- 建設事業各段階のDXによる抜本的な労働生産性向上に関する技術開発 (国土技術政策総合研究所 社会資本マネジメント研究センター)
- 建築分野におけるBIMの標準ワークフローとその活用方策に関するガイドライン (第1版) 概要 (建築BIM推進会議、国土交通省)

- 建築分野におけるBIMの標準ワークフローとその活用方策に関するガイドライン (第1版) (建築BIM推進会議、国土交通省)
- 工事現場のタブレット導入ガイドブック 管理者編 (一般社団法人 日本建設業連合会)
- 工事現場のタブレット導入ガイドブック 利用者編 (一般社団法人 日本建設業連合会)
- 構造計画AI (日経クロステック)
- 国土交通省におけるDX (デジタルトランスフォーメーション) の推進について (国土交通省)
- 国土交通白書2020 (国土交通省)
- 国土交通白書2021 (国土交通省)
- 中小企業白書2021 (中小企業庁)
- 建築の生産プロセスを変革する「鹿島スマート生産ビジョン」を策定 (鹿島建設株式会社)
- 施工BIMのすすめ (一般社団法人日本建設業連合会)
- 施工BIMのスタイル事例集2018 (一般社団法人日本建設業連合会)
- 施工BIMのスタイル 施工段階におけるBIMのワークフローに関する手引き2020 (一般社団法人 日本建設業連合会)
- 初めてのBIM/CIM (国土交通省)
- 業界初！3D スキャナによる周辺点群データを活用した施工管理システムの開発 (大東建託株式会社)
- 定常時地殻変動補正システム (国土地理院)
- 部材AI (日経クロステック)
- 未来の歩き方 (戸田建設株式会社)
- 無人航空機のレベル4の実現のための新たな制度の方向性について (国土交通省航空局)
- 無人航空機の飛行禁止空域 (国土交通省)
- 令和3年度関東地方整備局における建設現場の遠隔臨場の試行方針 (国土交通省関東地方整備局)
- 令和3年版 情報通信白書 (総務省)
- 令和5年度のBIM/CIM原則適用に向けた進め方 (国土交通省)
- 建設施工におけるパワーアシストスーツ技術公募 (国土交通省)
- 国土交通省におけるBIM/CIMの取り組みと今後の展開 (国土交通省)
- BIM/CIM モデル等電子納品要領 (案) 及び同解説 (国土交通省)
- BIM/CIM・DXに関する動向について (国土交通省)
- 関東DX・i-Construction人材育成センター (国土交通省)
- 関東地方整備局インフラDXのスタート！ (国土交通省)
- 建設DX 実験フィールド始動！ (国土交通省)
- 道路メンテナンス年報 2021年8月 (国土交通省 道路局)
- DXの位置情報の共通ルール「国家座標」(国土地理院)

索引

●著者プロフィール

阿部 守(あべ まもる)

1962年生まれ。九州工業大学大学院開発土木工学専攻修了後、旭硝子
(現AGC)を経てMABコンサルティング代表。
一級建築士、中小企業診断士。
東京国際大学非常勤講師(中小企業論・生産管理論)
(一社)東京都中小企業診断士協会 建設業経営研究会幹事

著書:
『最新 建設業界の動向とカラクリがよ〜くわかる本[第4版]』
『最新 住宅業界の動向とカラクリがよ〜くわかる本[第3版]』
『最新 土木業界の動向とカラクリがよ〜くわかる本[第2版]』

改革・改善のための戦略デザイン

建設業DX

| 発行日 | 2021年12月16日 | 第1版第1刷 |

著 者　阿部 守

発行者　斉藤　和邦
発行所　株式会社　秀和システム
　　　　〒135-0016
　　　　東京都江東区東陽2丁目4-2　新宮ビル2階
　　　　Tel 03-6264-3105（販売）Fax 03-6264-3094
印刷所　三松堂印刷株式会社　　　　Printed in Japan

ISBN978-4-7980-6525-0 C0034